하버드에서 배운 최강의 책육아

SHIKORYOKU·DOKKAIRYOKU·TSUTAERU CHIKARA GA NOBIRU
HARVARD DE MANANDA SAIKO NO YOMIKIKASE
By Eiko KATO
© Eiko KATO 2020, Printed in Japan
Korean translation copyright © 2023 by Gilbut Publishers
First published in Japan by KANKI PUBLISHING INC.
Korean translation rights arranged with KANKI PUBLISHING INC.
Through Imprima Korea Agency.

이 책의 한국어판 저작권은
Imprima Korea Agency를 통해
KANKI PUBLISHING INC.과의 독점계약으로 길벗에 있습니다.
저작권법에 의해 한국 내에서 보호를 받는 저작물이므로 무단전재와 무단복제를 금합니다.

하버드에서 배운 최강의 책육아

상위 1%
문해력을 완성하는
대화식 독서법

가토 에이코 지음
오현숙 옮김

길벗

단 한 권의 책이라도
제대로 읽으려면

십수 년간 아동의 문해력 발달을 연구해 온 저는 지금까지 수차례 반복한 연구 프로젝트에서 충격적인 결과를 얻었습니다. 바로 유독 우리나라 아이들이 어릴 때 읽은 책의 양은 학령기 이후 문해력과 별 상관이 없다는 것입니다. 그런데 영미권의 연구 결과는 이와는 다릅니다. 영유아기에 책을 많이 읽은 아이가 학령기 이후에도 읽고 쓰기를 잘한다고 확인되거든요. 이는 책을 무조건 많이 읽는 것이 언어능력 발달을 좌우하지는 않음을 뜻합니다. 단 한 권의 책을 읽더라도 좋은 책을, 제대로 읽어야 한다는 것이죠.

그렇다면 어떤 책이 아이에게 좋은 책일까요? 아이에게 좋은 책을 선택할 때 가장 중요한 요소는 아이 자신에게 재밌는 책이어야 한다는 것입니다. 학습에 도움이 될 것이라는 이유로, 다른 집에서도 읽힌다는 이유로 부모 혼자 골라 아이에게 읽으라고 강요하는 책은 의미가 없습니다. 어린 아동이 독자라면 글과 그림 모두 수준이 높고 서로 잘 어울리며 보완해 주는 관계인 책이 좋습니다. 그래야 아이가 이야기를 듣거나 읽으면서 깊이 사고하고 흥미를 갖고 결말을 기대하며 읽어주는 사람과 많은 대화를 하게 됩니다.

다음으로 어떻게 읽어야 제대로 읽는 것일까요? 양적인 면에서 책에 쓰인 글보다 더 많은 이야기를 나누며 읽어야 합니다. 어린이를 위한 그림책의 글은 작가가 고심하며 줄이고 다듬어 아름답게 정수만 남겨놓은 상태입니다. 이런 글이 그림과 어우러져 이야깃거리를 잔뜩 만들어 내죠. 아동이 성인과 그림책을 함께 읽는 행동을 탐구한 수많은 연구의 공통적인 결과에 따르면 책을 읽으며 이뤄지는 대화 경험이 아동 언어 발달을 좌우하는 핵심 요인이며 이 경험이 문해력과 학습 능력을 성장시키고 사회성과 정서 발달에까지 영향을 미친다고 합니다.

어릴 때 학습지 풀이나 받아쓰기 연습만으로 문해 활동을 한 아이는 대개 학교에 들어가고 몇 년이 지나지 않아 문해력에 허점을 보이기 쉽습니다. 이와 달리 영유아기에 책을 매개로 부모와의 상호작용을 탄탄하게 경험한 아이는 외워서 쓰는 연습을 하지 않아도 문해력이 순조롭게 발달합니다.

문해 발달에 관해 공부하면서 이론으로만 접한 내용을 제가 직접 연구로 검증하다 보면 뿌듯하면서도 새삼 놀라울 때가 많습니다. 저는 부모와 자녀가 함께 책을 읽고 대화를 나누는 활동의 장점을 누구보다 잘 알기에 제 아이가 초등학교를 거쳐 중학교 졸업을 앞둔 지금까지도 함께 책동아리를 하고 있습니다. 별로 어렵지 않은 일이니 부모님에게 진심으로 추천합니다.

이 책 역시 아이에게 책 읽어주기의 중요성을 강조합니다. 무엇보다 부모가 아이와 함께 책을 읽으며 어떤 말을 하는 것이 좋을지 구체적으로 알려줍니다. 아이가 싫어하면 서두르지 말기, 모국어로 충분히 읽기, 장시간 읽기보다는 읽기 자체를 습관화하기, 아빠도 열심히 참여하기, 아이와 함께 도서관과 서점 가보기 같은 저자의 주장에 저 역시 강력하게 동의합니다.

책을 읽으며 질문을 할 때는 주의해야 할 점이 있습니다. 답이 정해진 단순한 질문은 효과적이지 않을뿐더러 아이가 부모와 함께 책 읽는 시간을 싫어하게 될 수 있다는 것입니다. 의문사로 시작하는 질문 중에서 '왜, 어떻게?'가 깊은 생각과 풍부한 말을 이끌어 낸다면 '누가, 언제, 어디서, 무엇을?'로 시작하는 질문은 이해력을 테스트하는 단답식 질문이 되기 쉽습니다. 권위적인 선생님의 자세가 아닌, 함께 즐기며 읽는 파트너의 자세로 대화를 나누는 것이 좋아요.

미국이나 일본 등 세계 여러 나라 아동문학의 역사나 이론가, 출간되는 그림책의 양과 질을 보며 부러운 적이 많았던 저는 이들도 대화식 책 읽기에 익숙하지 않다는 지적에 상당히 놀랐습니다. 처음부터 쉬운 일은 아니라는 뜻이니 용기를 갖고 도전해 보세요.

아울러 이 책에서 알려주는 팁을 적용하기 좋은 그림책도 소개해 두었습니다. 내용이 바로 떠오를 수 있게 많은 가정에서 소장하고 있을 만한 책들로 엄선했습니다. 아이와 읽는 동안 대화를 많이 할 수밖에 없는 재밌는 책이니 부모님도 함께 즐겨보세요. 아빠, 엄마가 진심일 때 대화식 책 읽기의 효과는 더욱 커질 것입니다.

서울대학교 아동가족학과 교수 최나야

아이의 사고력과 언어능력을 기르는
대화식 책 읽기의 힘

왜 사고력인가

'프란체스코 교황이 트럼프 지지를 발표했다.' 2016년 미국 대통령 선거 전 3개월간 페이스북에서 이용자 반응 수가 가장 높았던 가짜뉴스의 내용입니다. 이 뉴스의 공유나 댓글 건수는 무려 96만 건에 달했다고 하죠.

가짜뉴스는 미국만의 문제가 아닙니다. 독일의 경우 2017년 3월 소셜미디어서비스 회사가 가짜뉴스 등을 확인한 후 일정 시간 내 게시물을 삭제하지 않으면 최고 5,000만 유로의 벌금을 부과하는 법안을 의결하기도 했습니다. 게다가 인공지능AI 기술을 이용한 딥페이크DeepFake 영상 등은 가짜뉴스를 판별하기 더욱 어렵게 하고 있습니다.

　이렇듯 인터넷이나 매스컴을 통해 대량의 정보가 쏟아지는 시대에 요구되는 자질 중 하나는 정보의 진위를 판단할 수 있는 능력 그리고 자신에게 필요한 정보를 바르게 선택하는 능력입니다. 이를테면 '인터넷이나 텔레비전 뉴스에서 이렇게 말하고 있는데 정말 사실일까?', '선생님께서 하시는 말씀은 정말로 맞는 것일까?', '이 정보는 내게 도움이 될까?' 하고 스스로 생각하는 능력입니다. 물론 이런 생각을 상대방에게 논리적으로 주장하는 능력도 중요합니다. 분명 이 책을 읽는 부모님도 우리 아이가 스스로 생각하는 능력 그리고 자신의 생각을 논리적으로 전달하는 능력을 갖추길 바랄 것입니다.

　저의 모국인 일본에서 대부분의 사람들은 선생님의 말씀은 무비판적으로 듣도록 교육받아 왔습니다. 그러나 다른 나라에서는 이와 정반대의 교육이 행해지고 있습니다. 남이 하는 말을 그대로 받아들이는 것이 아니라 하나부터 열까지 스스로 생각하게 하는 교육을 실행하고 있는 것이죠. 이런 경향은 미국이나 유럽뿐 아니라 싱가포르, 중국 같은 아시아 국가에도 확산되고 있습니다.

저는 만으로 28세에 미국으로 유학을 갔습니다. 그곳에서 막 학업을 시작할 무렵 미국사 시험을 보면서 겪은 놀라운 경험은 지금도 잊히지 않습니다. 제가 일본 학교에서 봐왔던 역사 시험은 대부분 중요한 역사적 사건과 그 일이 발생한 연도를 외우는 문제였습니다. 미국에서도 비슷한 문제가 나오겠거니 하고 시험을 준비한 저는 문제를 보는 순간 머리가 새하얘지고 말았습니다. 이전처럼 단순 암기로 풀 수 있는 문제는 전체의 20퍼센트 정도에 불과하고 나머지는 대부분 논술식 문제였기 때문입니다. "이번 학기에 배운 미국사 중 하나의 사건을 골라 후대에 어떤 영향을 미쳤는지 논하라"라는 식으로 학생 개인의 관점에서 역사를 분석하도록 요구하는 문제들이었습니다. 미국사뿐 아니라 다른 과목 역시 마찬가지로 스스로 생각하고 논하라는 문제가 대부분이었습니다. 또 교수님과 의견이 달라도 논점이 명확한 답안이라면 좋은 점수를 받을 수 있다는 사실도 제게는 신선한 충격이었습니다.

하버드에서 배운 최강의 책육아

애초에 강의부터 일본 학교에서처럼 선생님이 학생에게 올바른 지식을 전수하는 방식으로 이뤄지지 않습니다. 교수님은 '나는 이런 연구를 하고 이런 생각을 하고 있다. 다른 관점이 있다면 얘기해 보라'는 자세로 강의를 합니다. 학생도 교수님이 "이것을 어떻게 생각합니까?"라고 물으면 손도 들지 않고 하고 싶은 말을 거침없이 쏟아냅니다. 물론 교수님도 그런 방식을 환영합니다. 이는 '수업 공헌도'라는 평가 기준으로 학생이 수업 중 자신의 의견을 얼마나 많이 말했는지를 성적에 반영합니다. 가만히 앉아 수업을 듣기만 하는 것이 아니라 스스로 생각하고 의견을 말하도록 끊임없이 요구받는 것입니다.

4차산업혁명 시대에 걸맞은 책 읽기 교육

이런 경험을 이 책의 주제인 대화식 책 읽기에 녹여냈습니다. 이 책을 통해 단순한 지식의 전수가 아닌 스스로 사고하고 말하는 능력을 기르는 독서 방법을 배울 수 있을 것입니다.

특히 4차산업혁명 시대 필수 역량인 사고력과 창의력이 뛰어난 인재를 육성하기 위한 교육 및 평가 과정의 도입은 전 세계 공교육에서 중요한 과제로 여겨지고 있으며 이를 실현하기 위한 논의와 시도가 계속되고 있습니다. 아마도 이 같은 변화는 누구보다 부모님이 실감하고 있으리라 생각합니다.

비단 학교에서만이 아닙니다. 사회에서 일을 할 때도 업종이나 직종에 상관없이 이제는 주어진 일을 잘해내는 데서 그치지 않고 스스로 생각해 새로운 아이디어를 창출해 내는 일이 중시되고 있습니다. 프레젠테이션 등을 통해 아이디어를 표현하고 상사나 고객을 설득해야 하는 일도 많습니다. 게다가 세계화가 진행됨에 따라 나와는 다른 문화와 환경에서 성장하고 활동해 온 사람이 그 상대방이 되는 경우도 점점 늘어나고 있습니다. 누구나 스마트폰을 갖고 다니면서 모르는 것이 있으면 그 자리에서 바로 찾아볼 수 있게 된 현대사회에서는 지식이 있는 것만으로는 가치가 없으며 자신의 지식을 어떻게 사용할 것인지가 핵심이 됩니다.

대화식 책 읽기는 이런 새로운 시대에 걸맞은 교육이라고 할 수 있습니다. 저는 보스턴대학교에서 영어교육을 전공한 후 하버드대학교 교육학대학원 석사과정에 진학해 '어린이와 언어'라는 제1언어 습득 관련 연구를 접했습니다.

하버드 교수진은 이민 자녀의 학습 문제와 함께 어떤 환경이 아

하버드에서 배운 최강의 책육아

이들의 언어 발달을 촉진할 수 있는지 연구하고 있었으며 그 연구의 일환이 '책 읽어주기와 어린이의 언어 발달'이었습니다.

저는 책을 읽어주는 동안 부모와 자녀가 나누는 대화와 책 읽기를 대하는 부모의 태도에서 미국과 일본이 어떤 차이를 보이는지 비교해 보는 것을 박사 논문의 주제로 정했습니다. 이후 연구를 거듭해 나가며 알게 된 사실은 이 차이가 앞서 말한 교육 환경의 차이로도 이어진다는 것이었습니다. 그리고 앞으로 세계적으로 요구될 스스로 생각하는 능력, 자신의 의견을 말하는 능력을 키우기 위해 미국의 책 읽기에서 어떤 점을 배워야 할지, 새롭게 수용해야 할 방법은 무엇인지 등이 보이기 시작했습니다. 그것이 바로 이 책에서 소개할 대화식 책 읽기입니다.

대화식 책 읽기란 미국 연구자들이 제창한 독서의 한 유형으로 부모가 아이와 대화를 하면서 책을 읽어주는 것을 말합니다. 너무 평범한 얘기라 의아해하는 부모님도 있을지 모르겠습니다. 하지만 유아기 어린이에게 책을 읽어주는 일의 중요성은 많은 부모가 인식하고 있고 일상적으로 실천하는 가정도 적지 않은 데 반해 막상 대화식 책 읽기를 활용하는 사람은 드뭅니다. 아이를 위해 집에 각종

전집을 들이고 목이 쉬도록 열성적으로 책을 읽어주는 부모는 많지만 이들 역시 한 권을 읽어도 제대로 읽어야 한다는 점은 놓치고 있는 경우를 자주 봅니다. 이 책에서는 지금까지의 제 연구 성과를 토대로 아이의 사고력과 전달력을 키우는 '제대로' 된 책 읽기가 무엇인지 알려드릴 것입니다.

책을 읽어주는 방식을 조금만 바꿔도 독서의 질은 차원이 다르게 높아집니다. 또 아이의 사고력과 언어능력을 비약적으로 키워줄 수 있습니다. 이 책이 당신의 자녀가 세계적 인재들과 어깨를 나란히 하며 일할 수 있는 발판이 되어주길 바랍니다.

1장 | 이렇게 다르다! 동양과 서양의 책 읽어주기

2장 | 아이의 능력을 쑥쑥 자라게 하는 대화식 책 읽기

3장 | 오늘 시작할 수 있는 대화식 책 읽기_실전 편

4장 | 맞춤형 질문으로 다섯 가지 능력을 키우는 대화식 책 읽기_심화 편

5장 | 대화식 책 읽기 효과를 극대화하는 방법

1장

이렇게 다르다!
동양과 서양의 책 읽어주기

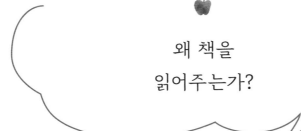

왜 책을
읽어주는가?

아마도 당신이 어린 자녀를 둔 부모라면 거의 매일 아이에게 그림책을 읽어주고 있을 것입니다. 당신뿐 아니라 대부분의 부모가 그렇습니다. 그런데 당신이 아이에게 그림책을 읽어주는 이유는 무엇인가요? 어떤 효과를 기대하고 읽어주고 있나요? 잠깐 생각해 보길 바랍니다.

여러 연구 기관과 기업 등에서 부모를 대상으로 아이에게 책을 읽어주는 목적을 묻는 조사를 실시한 결과 대체로 다음과 같은 다섯 가지 대답이 나왔습니다.

1. 자녀와의 활발한 소통을 위해

2. 아이의 정서교육을 위해

3. 아이가 책을 좋아하게/활자에 익숙해지게 하기 위해

4. 아이의 집중력을 길러주기 위해

5. 아이의 언어교육을 위해

이 외에 '잠을 재우기 위해'와 같은 현실적인 대답도 있겠지만 제가 참여한 현장 인터뷰 조사 결과를 봐도 대부분의 부모가 책을 읽어주는 목적은 이 다섯 가지 중 하나에 해당됩니다. 실제로 그림책 읽어주기는 이런 면에서 큰 효과를 발휘합니다. 그중에서도 이 책에서는 다섯 번째인 '언어교육'에 초점을 두고 고안된 대화식 책읽기를 소개하고자 합니다.

그림책이 언어교육에 효과적인 이유는 무엇일까요? 그림책은 아이에게 새로운 어휘와 표현을 가르치는 최고의 교재입니다. 연구자들 사이에서도 유아기에 그림책을 읽어주는 것은 아이의 언어발달을 비롯한 다양한 능력 향상과 관련이 있다고 계속해서 주지돼 왔습니다. 일례로 어릴 때 부모가 책을 읽어준 경험이 있는 아이가

의무교육에서의 학업 성취도도 높다는 것은 여러 연구를 통해 증명된 결과입니다. 그림책을 읽어주며 어른이 사용하는 언어는 일상어와 다른 감성이 풍부하면서도 세련된 단어와 표현으로 이뤄져 추상성을 띱니다. 다시 말해 평상시 아이가 나누는 대화와는 달리 아름답게 음미할 수 있는 말을 듣고 읽는 기회가 됩니다.

부모는 아이가 말을 폭발적으로 습득하기 시작하는 시기(대부분 만 2세 전후)가 되면 지금이 기회라는 듯 "이 동물은 뭐야?", "이 꽃은 무슨 색이야?" 등과 같은 질문을 적극적으로 하면서 다양한 말을 외우게 하는 경우가 많습니다. 하지만 아이가 만 4~5세 정도가 되면 말을 가르친다는 의식이 옅어지는 부모가 많습니다. 실제로 책을 읽어주는 빈도는 만 3세를 정점으로 점점 줄어드는 것이 일반적입니다. 여러 설문 조사 결과를 보더라도 그림책을 읽어주는 목적으로 언어교육을 든 부모는 다른 네 가지 이유와 비교하면 그 비율이 현저히 낮아집니다.

부모뿐 아니라 교육기관도 마찬가지입니다. 제가 유치원 선생님을 대상으로 실시한 설문 조사 결과를 보면 '아이가 책을 좋아하게 된다'는 효과에 주목한다는 대답이 많고 '아이의 언어능력이 발달한다'고 답한 선생님은 소수였습니다.

이 책의 주제를 언어교육에 초점을 맞춘 대화식 책 읽기로 정한 이유가 바로 여기에 있습니다. 대화식 책 읽기를 실천하면 아이의 언어능력이 발달할 뿐 아니라 사고력(스스로 생각할 수 있는 능력), 독해력(문장의 내용을 이해하는 능력), 전달력(본인의 의견을 말하는 능력)을 비롯해 사회에서 살아가기 위한 다양한 기초 능력이 길러집니다.

자세한 내용은 차차 설명하겠지만 대화식 책 읽기는 우리가 지금까지 해온 일반적인 책 읽어주기와는 전혀 다른 방법입니다. 사실 기존 방식의 책 읽어주기는 앞의 네 가지 효과는 기대할 수 있어도 언어교육, 특히 4차산업혁명 시대에 더욱 강조되는 사고력과 독해력, 전달력 등을 기르는 데는 적합하지 않습니다. 그 이유는 대화식 책 읽기의 발상지인 미국과 우리가 책 읽어주기를 대하는 사고방식이 어떻게 다른지 이해하면 쉽게 알 수 있습니다.

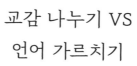

교감 나누기 VS
언어 가르치기

저와 함께 미국과 일본 부모의 책 읽어주기 차이점을 연구하던 미국인 연구자 선배가 이런 말을 한 적이 있습니다.

"일본의 부모랑 자녀는 참 다정해 보여."

실제로 일본의 부모는 자녀를 무릎 위에 앉힌다든지 자녀 곁에 앉아 아이의 어깨를 감싸안고 얼굴을 살피거나 눈을 마주치며 평온한 분위기에서 그림책을 읽어주는 것이 일반적입니다. 미국 부모 관점에서는 이렇게 부모와 아이가 정서적으로 교감을 나누는 듯한 모습이 무척이나 정겹게 보인다고 합니다.

이는 우리와 비교해 미국의 부모가 자녀에게 책을 읽어주는 것을 '교육'으로 인식하기 때문입니다. 미국에서 그림책은 말을 배우기 위한 교재입니다. 또 그림책을 읽어주는 것은 아이가 영어를 읽고 쓸 수 있게 해주기 위한 지도 방법입니다.

사실 책 읽어주기를 대하는 미국과 일본의 태도 차이는 바로 이런 점과 관계가 있습니다. 〈표 1〉을 보면 일본에 비해 미국의 부모는 그림책이 지니는 언어교육 효과에 대한 기대가 높습니다. 미국과 일본 모두 가장 큰 효과를 기대하는 '어휘 습득'의 경우 일본은 46.15%, 미국은 88.30%로 거의 두 배 가까이 차이가 납니다. 독해력이나 읽기·쓰기 능력의 경우 일본은 그 효과에 대한 기대가 20%가 채 되지 않는 데 반해 미국은 70% 이상으로 높음을 볼 수 있습니다.

아이에게 책을 읽어주기 시작하는 시기도 다릅니다. 제가 만 3세와 5세 아동 부모를 대상으로 실시한 설문 조사 결과는 〈표 2〉와 같습니다. 일본의 부모는 아이가 말을 하기 시작한 때부터 책을 읽어주기 시작했다고 답한 데 반해 미국의 부모는 그보다 1년 정도 빨리 책을 읽어주기 시작했다는 사실을 알 수 있습니다.

표 1. 그림책을 통한 언어교육에서 어떤 효과를 기대합니까?

기대 효과 \ 국가	일본	미국	비고
어휘 습득	46.15%	88.30%	
독해력 발달	19.23%	76.38%	미국의 부모는 그림책이 지
읽기·쓰기 능력 발달	19.23%	72.43%	니는 언어교육 효과에 대
말하기 능력 발달	30.77%	70.21%	한 기대가 무척 높다.
책에 대한 흥미 촉진	15.38%	73.40%	

표 2. 언제부터 책을 읽어주기 시작했습니까?

아동 연령 \ 국가	일본	미국	비고
만 3세 아동 부모	13.96개월	4.88개월	미국의 부모는 일본의 부모
만 5세 아동 부모	13.79개월	5.89개월	보다 약 1년 정도 빨리 책을 읽어주기 시작한다.

표 3. 자녀와 어떤 책을 읽습니까?

분야 \ 국가	일본	미국	비고
히라가나(알파벳)	26.80%	78.72%	
숫자가 있는 그림책	16.03%	70.21%	
탈것, 동물 등이 있는 그림책	39.74%	81.91%	일본에서는 그림책을 통해 윤리관을, 미국에서는 언어
동화책	26.92%	84.04%	를 가르치려고 한다.
옛날이야기	74.36%	45.74%	

또 "자녀와 어떤 책을 읽습니까?"라는 질문에 대한 답도 분명한 차이를 보였습니다. 미국에는 언어 발달에 도움이 되는 글자나 숫자, 탈것 등과 같은 정보를 다루는 그림책, 동화책을 읽어주는 부모가 많은 데 반해 일본에서는 아이에게 윤리적 교훈을 주는 전래동화나 옛날이야기가 많이 읽히고 있다는 사실을 알 수 있습니다.

여기서 강조하고 싶은 점은 "미국이 이러니까 우리도 이렇게 해야 한다"는 것이 아닙니다. 사실 언어교육에 대한 미국인의 인식이 높은 이유는 언어 구조 차이에 있습니다. 일본어와 한국어의 경우 언어교육은 히라가나와 한글을 익히는 데서 시작하는데 몇 가지 예외가 있다고는 해도 기본적으로 하나의 음이 하나의 문자로 표기됩니다. 이에 비해 영어는 'a'라는 문자가 'apple'에서는 [æ]로, 'cake'에서는 [eɪ]로 발음되는 것처럼 같은 문자라도 조합되는 문자에 따라 발음이 달라집니다. 그러다 보니 '알파벳 노래'로 알파벳하나하나의 이름을 알게 된다고 해서 단어를 읽을 수 있게 되지는 않습니다.

실제로 제가 연구를 위해 일주일에 한 번씩 방문한 미국의 한 유치원에서도 부모의 가장 큰 관심사는 '내 아이가 글자를 읽을 수

하버드에서 배운 최강의 책육아

있을까'였습니다. 우리처럼 '아이가 책을 좋아하게 됐으면 좋겠다',
'아이에게 풍부한 감성을 길러주고 싶다' 등의 목적이 주가 아니라
'말을 가르치겠다'는 분명한 목적이 있는 것입니다. 자신이 제대로
가르치지 않으면 자녀가 문맹이 될지 모른다는 절박한 위기감이 미
국 부모로 하여금 아이에게 그림책을 읽어주게 하고 있습니다.

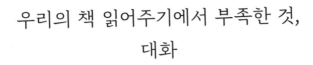

우리의 책 읽어주기에서 부족한 것,
대화

우리와 미국의 책 읽어주기 방식은 근본적으로 언어 구조의 차이에서 비롯된다는 것을 알아봤습니다. 그럼 구체적으로 책 읽어주는 방식의 어떤 점이 다를까요?

결론부터 말해 보통의 부모는 아이에게 책을 읽어줄 때 아이와 별로 대화를 나누지 않습니다. 부모가 아이에게 묻고 아이가 답하는(혹은 반대로 아이가 묻고 부모가 답하는) 식의 대화가 미국과 비교하면 상당히 적습니다. 기본적으로는 아이가 부모의 이야기를 잠자코 듣고 있을 뿐입니다.

저는 보스턴대학교 석사과정에서 책 읽어주기 연구를 하며 처음 이 사실을 깨달았습니다. '언어와 문화'라는 수업을 수강할 때였습니다. 수업의 TF(티칭 펠로우, 교수를 도와 학생을 지도하는 박사과정 대학원생)가 제게 '일본인 부모와 자녀의 책 읽기'를 주제로 논문을 쓰려고 하는데 그 연구를 위한 조사를 도와달라고 요청했습니다. 이를 위해 저는 보스턴에 사는 일본인 모자 두 쌍의 책 읽는 모습을 녹화했습니다. 이후 4년간의 유학 생활을 마치고 귀국한 뒤에도 같은 조사를 계속해 실제 일본 가정에서 행해지는 책 읽기 모습을 취재하고 데이터를 수집했습니다. 그리고 이 자료들을 분석한 결과 보통의 부모와 자녀가 책을 읽을 때 대화를 나누지 않는다는 사실을 발견한 것입니다. 부모는 그림책의 문장을 그저 읽어나갑니다. 아이는 얌전히 듣고 있습니다. 양쪽 다 책을 읽어주는 도중 질문을 하거나 끼어드는 일은 거의 없습니다. 그 후 다시 미국으로 돌아가 하버드대학교에서 박사과정을 밟으며 이때의 조사를 토대로 논문을 썼습니다.

이 논문을 본 제 지도교수님은 다음과 같은 조언을 해줬습니다. "일본의 부모와 자녀가 책 읽기 시간에 대화를 하지 않는다는 사실은 알겠네. 그럼 글자가 없는 그림책을 읽어줄 때는 어떤 결과가 나올까?"

글자가 없는 그림책은 딕 브루너의 《글자 없는 그림책Boek zonder woorden》(3장에서 자세히 다룰 예정입니다)이라는 유명한 책을 비롯해 다수가 있습니다. 캐나다 워털루대학교 연구자가 실시한 조사에 따르면 글자가 없는 그림책과 글자가 있는 그림책을 비교했을 때 전자가 부모 자식 간에 더 활발한 대화를 유발했다고 합니다. 확실히 이런 유의 그림책이라면 쓰여 있는 글이 없어 부모가 읽을 수도 없기 때문에 스스로 이야기를 생각해 내야 합니다. 그러면 거기에 반응해 아이도 뭔가를 말하게 됩니다.

저는 곧바로 미국 아동문학 작가 알렉산드라 데이의 《착한 강아지, 칼Good Dog, Carl》이라는 그림책을 소재로 조사를 시작했습니다. 이 그림책은 장을 보러 나가는 엄마가 반려견 칼에게 그동안 아기를 보고 있으라고 부탁하는 장면으로 이야기가 시작됩니다. 엄마의 화장품으로 장난을 친다든지, 어항을 헤엄치며 돌아다니는 장난꾸러기 아기를 칼이 열심히 돌보는 모습이 글자 없이 그림만으로 유쾌하게 그려집니다.

이 책으로 책 읽기를 했을 때 일본의 부모와 자녀는 어떤 변화를 보였을까요? 놀랍게도 아무런 변화가 일어나지 않았습니다. 대부분의 부모가 그림으로 그려진 장면을 아이에게 설명하며 이야기를 해나갔고 아이 역시 부모가 들려주는 이야기를 조용히 듣고 있을 뿐이었습니다. 즉, 글자가 없는 그림책을 사용해도 일본의 부모와 자녀는 책을 읽는 동안 대화를 나누지 않은 것입니다.

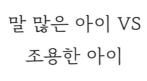

말 많은 아이 VS
조용한 아이

앞의 결과를 두고 교수님은 조언을 하나 더 해줬습니다. 일본과 미국의 책 읽기를 비교해 보라는 것이었습니다. 그래서 이번에는 일본과 미국의 부모와 자녀가 같은 그림책을 읽는 방식에 어떤 차이가 있는지 조사해 보기로 했습니다. 운이 좋게도 미국의 부모와 자녀가 프랭크 애시의 《하늘 높이 날기》(김서정 옮김, 마루벌, 2007)를 읽는 모습을 기록한 데이터가 있어 같은 그림책으로 일본 부모와 자녀의 모습을 관찰해 보기로 했습니다.

《하늘 높이 날기》는 작은 새처럼 하늘을 날고 싶은 꼬마 곰 달곰이와 달곰이만큼 몸집이 커지고 싶은 작은 새가 서로의 소원을 이뤄주기 위해 열심히 아이디어를 내며 노력한다는 내용으로 아이 입장에서는 이해하기가 제법 까다로운 이야기가 나옵니다.

예를 들어 커지고 싶다는 작은 새의 소원을 이뤄주기 위해 꼬마 곰은 작은 호박을 사 옵니다. 그리고 호박 표면에 작은 새를 새겨 넣죠. 호박이 성장하면 그 위에 새긴 작은 새의 그림도 점점 커지니까 꼬마 곰은 이렇게 작은 새를 커지게 하려 했던 것입니다. 한편 작은 새는 하늘을 날고 싶다는 꼬마 곰 달곰이의 소원을 이뤄주기 위해 연을 생각해 냅니다. 연에 꼬마 곰 달곰이의 그림을 그려 날리면 꼬마 곰이 하늘을 날게 된다는 것이죠.

이런 이치를 아이들이 단번에 이해하기는 쉽지 않을 것입니다. '어째서 호박이 커지면 작은 새도 커질까?', '어째서 연이 하늘을 날면 꼬마 곰이 하늘을 날게 될까?' 이렇게 궁금해하는 것이 일반적인 반응으로 일본 아이든 미국 아이든 마찬가지일 것입니다. 하지만 부모가 책을 읽어줄 때 일본 아이와 미국 아이가 보이는 반응이 너무 달라 놀랐습니다.

미국 아이는 어쨌거나 말이 많습니다. 예를 들어 위에서 설명한 장면처럼 이해하기 어려운 내용이 있으면 "왜 그렇게 되는 거야?"라고 부모에게 질문합니다.

"왜 호박이 커지면 작은 새도 커지는 거야?"
"왜 연이 하늘을 날면 꼬마 곰도 하늘을 나는 거야?"

아이가 질문하면 그 질문에 답하는 부모의 발화 수도 당연히 많아집니다. 이렇다 보니 미국의 부모와 자녀가 책을 읽는 시간에는 대화가 활발하게 이뤄집니다.

반면 일본의 부모와 자녀가 보인 모습은 지금까지 제가 조사하고 수집해 온 데이터와 다를 바가 없었습니다. 《하늘 높이 날기》를 읽는 동안 특별히 아이의 질문이 늘지도 않았고 부모 역시 낭독 외에는 발화가 적었습니다. 엄마, 아빠는 이야기를 읽어나가고 아이는 얌전히 듣는, 보통의 책 읽어주기였습니다.

시끄러울 정도로 말을 많이 하면서 부모가 읽어주는 내용을 듣는 미국 아이와 부모의 목소리에 조용히 귀를 기울이고 있는 일본 아이. 당신의 아이는 두 아이 중 어느 쪽에 가까운지 생각해 보세요.

이 차이는 제게 선생님이 전달하는 지식을 수용하는 일본 학교 수업과 자기만의 생각과 의견을 중시하는 미국 학교 수업의 차이를 떠올리게 했습니다. 그렇게 책 읽어주기 방식의 차이가 교육 방식의 차이로도 이어진다는 시각이 자리 잡았습니다.

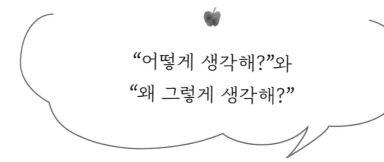

"어떻게 생각해?"와
"왜 그렇게 생각해?"

책을 시작하며 언급한 대로 암기 위주로 학생을 평가하던 교육계에서도 AI 시대에 걸맞은 창의형 인재를 양성할 수 있는 사고력과 전달력 교육의 중요성을 인식하고 있습니다. 기존의 상대 평가에서 벗어나 성취 평가제를 도입하고 대학 입시에서도 논술형 시험을 중시하고 있죠.

그러나 사고력과 전달력은 입시 공부의 일환으로 하루아침에 습득할 수 있는 것이 아닙니다. 더구나 선생님의 일방적인 강의로 배울 수도 없습니다. 어려서부터 스스로 생각하고 그 생각을 전달하는 경험을 쌓아야만 익힐 수 있습니다. 미국과 유럽 등지에서는 아이에게 이런 능력을 길러주기 위한 최초의 교재로 그림책을 사용합니다.

실제로 미국 가정이나 유아교육 현장에서의 책 읽기 모습을 살펴보면 다음의 두 가지 질문이 자주 나옵니다.

"너는 어떻게 생각해?What do you think?"
"왜 그렇게 생각해?Why do you think so?"

전자는 자신의 생각을 말로 나타내게 하기 위한 질문이고 후자는 그 생각을 논리적으로 정리해 더 깊이 파고 들어가게 하기 위한 질문입니다. 이 두 질문은 함께 있을 때 더 큰 효과를 발휘합니다.

대부분의 사람들은 "왜?"라는 질문을 부담스러워합니다. 순수하게 이유를 묻는 것뿐인데도 왠지 비난받는 듯한 기분이 든다는 사람이 많습니다. 하지만 미국을 비롯한 서양 사람들은 어려서부터 당연히 부모에게 "왜?"라는 질문을 받습니다. 그렇게 질문을 받으며 그림책을 읽는 습관을 들이면 언젠가 혼자서 책을 읽을 수 있게 됐을 때도 텍스트로 드러나는 이야기 내용을 파악하는 것은 물론 그 행간에 숨어 있는 의미나 교훈 등에 관해 자기 나름의 감상을 표현하기 쉬워집니다. 다시 말해 생각하면서 정보를 접하는 습관이 길러지는 것입니다. 그리고 이것이 스스로 생각하는 힘의 기초가 됩니다.

더욱이 미국 유치원 등의 교육기관에서는 그림책을 읽어주는 동안 혹은 다 읽어준 후 선생님이 아이들에게 여러 가지 질문을 해 각자의 의견을 말해보게 합니다. 아이들에게 논쟁을 시키는 것이 아니라 자신의 생각을 말로 표현하는 훈련을 시킴과 동시에 사람마다 다양한 의견을 가질 수 있다는 사실을 자연스럽게 인지하게 합니다. 이는 전달력의 발달로 이어집니다.

참고로 미국 유치원과 초등학교에서는 '쇼 앤드 텔Show and Tell'이라고 불리는 세션을 통해 아이들의 발표 능력을 발달시키고 있습니다. 쇼 앤드 텔은 아이들이 집에서 반 친구들에게 보여줄 물건을 가지고 와 그에 관한 이야기를 하는 시간입니다. 예를 들면 평소에는 규정상 소지할 수 없는 인형을 가지고 와서 "이건 내게 가장 소중한 인형"이라고 말합니다. 그러면 선생님은 "왜 그 인형이 가장 소중해?"라든지 "왜 그 인형을 선택했어?"라는 질문을 던져 아이의 발화를 확장해 나갑니다.

다시 말해 미국 아이들이 처음부터 말을 잘할 수 있는 것이 아니라 이런 식으로 사람들 앞에서 의견을 말하는 경험이 누적되면서 자연스레 말하기에 능숙해지는 것입니다. 어려서부터 자신의 생각을 남에게 전달하는 능력을 기름으로써 중등교육 이후 토론 형식 수업에도 자연스럽게 적응하게 됩니다. 서양인들이 자기주장을 잘한다고 평가받는 것도 이런 훈련을 가정과 학교에서 유아기 때부터 해오고 있기 때문입니다.

그럼 우리는 어떨까요? 보통 초등학생 시절에는 정기적으로 독서 감상문을 써서 제출하거나 백일장에 나가야 합니다. 저는 이런 데 정말로 자신이 없었습니다. 선생님들은 "사실만 나열하는 글이 되지 않게 해라. 그건 감상문이 아니야"라고 말했지만 그 말이 오히려 뭘 써야 할지 더 모르게 만들었습니다. 아마 공감하며 읽는 분이 많으리라 생각합니다.

그도 그럴 것이 평상시 사고력이나 전달력을 키워주는 훈련을 하지 않는 초등교육에서는 자기 나름의 생각을 표현할 기회가 독서 감상문을 쓰는 정도밖에 주어지지 않기 때문입니다. 기초 훈련도 없이 감상문을 쓰라고 하는 것 자체가 무리한 요구라는 생각이 들지 않나요? 평소 수업 시간에는 조용히 선생님 말씀을 경청하는 학생을 모범생이라고 하니 말입니다.

더욱이 유아기 때 부모가 일방적으로 그림책을 읽고 수동적으로 듣기만 한 환경에서 자란 아이는 전달력 훈련을 받지 않은 것은 물론이고 사고력 훈련조차 부족할 가능성이 큽니다. 보통 일방적인 책 읽어주기를 옹호하는 사람들은 '아이의 상상력이나 사고력을 믿자'고 주장합니다. 그런데 어른이 할 수 있는 일이 아이를 믿는 것밖에 없을까요? 오히려 아이가 가진 능력을 확인하면서 그 힘을 더 키울 수 있도록 유도하는 것이 어른이 해야 할 일 아닐까요?

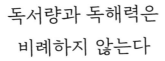

독서량과 독해력은
비례하지 않는다

사고력, 전달력과 함께 중요한 능력 중 하나가 독해력입니다. 2019년 12월 OECD가 발표한 국제학업성취도평가PISA에서 일본 어린이의 독해력이 전회 조사 대비 8위에서 15위로 크게 하락했다는 뉴스가 큰 화제였습니다. 또 AI보다 성적이 낮은 아이들이 미래 노동시장에서 살아남을 수 있는 방법은 독해력을 가르치는 것이라는 내용의 아라이 노리코 국립정보학연구소 교수의 저서 《대학에 가는 AI vs 교과서를 못 읽는 아이들》(김정환 옮김, 해냄출판사, 2018)이 베스트셀러가 되기도 했습니다.

이렇듯 아이들의 독해력을 높이는 것은 AI 시대 교육의 핵심이자 최우선 과제라 해도 과언이 아닙니다. 그렇다 보니 "독해력을 높이기 위해서는 어렸을 때부터 책을 가까이해야 한다(그러므로 책 읽기를 통해 책의 세계를 알게 하는 것이 중요하다)"는 주장을 가끔 듣게 됩니다.

이쯤에서 재밌는 데이터를 하나 소개해 볼까 합니다. 베네세 교육종합연구소가 2006년 발표한 보고서에 따르면 독서량과 독해력은 비례하지 않는다는 것입니다. 이 연구는 초등학교 5학년과 중학교 2학년을 대상으로 최근 1개월간 독서량과 독해력 점수의 관계를 조사했습니다. 그 결과 초등학교 5학년의 경우 15권 이상을 읽은 아이가 10~14권을 읽은 아이보다 독해력 점수가 낮았고 중학교 2학년의 경우 6권 이상부터는 책을 많이 읽으면 읽을수록 독해력 점수가 하락 곡선을 그렸습니다.

기본적으로 독해력에 필요한 것은 문자 정보를 쫓아가면서 직접적으로 드러나 있지 않은 정보를 추가적으로 구성할 수 있는 능력입니다. '주인공은 어떤 심정일까?', '이런 전개의 인과관계는 무엇일까?', '이야기가 끝난 뒤 주인공은 어떻게 되었을까?' 등 책에 직접

그림 1. 독서량과 독해력의 관계

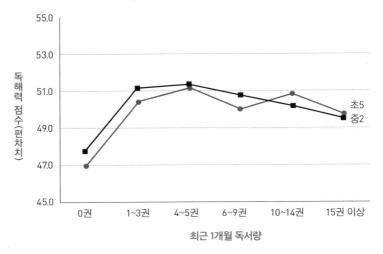

출처: 학력 향상을 위한 기본조사 2006(베네세 교육종합연구소)

쓰여 있지 않은 내용을 읽어내기 위해서는 분석력과 논리적 사고력, 상상력 등이 꼭 필요합니다. 이 모두가 종합된 독해력은 부모가 유아기 아이에게 책을 읽어줄 때 많은 질문을 던짐으로써 확실하게 향상될 수 있습니다.

내 아이가 책을 좋아하게 되길 바라는 마음으로 그림책을 많이 읽어주려는 부모의 마음은 전혀 잘못된 것이 아닙니다. 오히려 훌륭합니다. 그러나 독서 습관에 정말로 중요한 것은 양이 아니라 질입니다. '얼마나 읽느냐'가 아니라 '어떻게 읽느냐', 즉 책을 읽는 방식이 핵심입니다. 그리고 이 방식은 책을 읽어줄 때 아이와 대화를 나눔으로써 가르칠 수 있습니다. 바꿔 말하면 맞벌이 부부로 바쁘게 일하다 보니 아이에게 많은 책을 읽어주지 못하는 부모도 이 책이 강조하는 대화식 책 읽기로 독서의 질을 높임으로써 아이의 다양한 능력을 향상해 줄 수 있다는 것입니다.

왜 대화식
책 읽기인가?

　지금까지 우리와 미국의 책 읽기 방식을 비교해 봤습니다. 여기서 오해하지 않았으면 하는 점은 보통의 책 읽기가 미국의 책 읽기에 비해 잘못된 방식이라고 말하려는 것은 아니라는 것입니다. 아이가 부모가 읽어주는 이야기에 귀를 기울이며 몰입하는 일, 이를 통해 부모와 자녀가 친밀한 시간을 공유함으로써 정신적인 유대감을 쌓는 일도 당연히 중요합니다. 다만 아이의 사고력과 전달력, 독해력을 길러주기 위해서는 분명하게 이를 타깃으로 하고 있는 미국식 책 읽기에서도 배워야 할 점이 있다는 것입니다.

　　　　　　　　　　　　　　하버드에서 배운 최강의 책육아

미국에서는 1970년대부터 책을 읽어줄 때 부모와 자녀가 어떤 대화를 주고받는지 연구해 왔습니다. 그리고 이 연구들을 통해 단순히 부모는 읽어주고 아이는 듣는 행위에서 그치지 않고 서로 다양한 이야기를 나눌 때 여러 가지 효과가 생긴다는 사실이 검증됐습니다.

이런 효과를 높이기 위해 뉴욕주립대학교 그로버 화이트허스트 Grover J. Whitehurst 박사 연구 팀이 개발하고 제창한 읽기 방법이 바로 '대화식 책 읽기Dialogic Reading'입니다. 저는 대화식 책 읽기를 접한 후 제 연구에 활용해 왔을 뿐 아니라 국내 보급 활동도 하고 있습니다. 제가 여기에 매료된 이유는 이런 책 읽기 방법이 아이의 언어능력과 사고력, 전달력, 독해력을 효과적으로 높여줄 수 있을 뿐 아니라 독서가 지닌 다른 다섯 가지 이점도 강화해 주기 때문입니다.

1. 대화 시간이 늘어나 부모와 자녀 사이에 밀접한 소통이 이뤄집니다. 아이의 내적 성장을 더 세심하게 관찰하고 실감할 수 있습니다.
2. 등장인물의 심정이나 선악에 관해 질문하면서 효과적인 정서 및 도덕 교육이 이뤄집니다.

3. 이야기를 분석하는 습관을 들여 독해력, 문해력, 상상력 등을 증진할 수 있습니다.

4. 상대가 하는 말을 들으면서 생각하는 습관을 들여 타인의 이야기를 경청할 수 있습니다.

5. 아이의 발화를 촉진해 어휘 습득뿐 아니라 생각을 정리하는 연습과 말하기 연습을 할 수 있습니다.

이처럼 대화식 책 읽기는 아이의 다양한 능력을 향상하는 데 큰 효과를 발휘합니다. 게다가 이를 위해 필요한 것은 오직 그림책뿐입니다. 비싼 교재나 사교육도 필요 없습니다. 방법만 익혀두면 언제, 어디서든, 지금 당장이라도 시험해 볼 수 있습니다.

화이트허스트 박사 팀의 연구 결과를 보면 대화식 책 읽기 방식으로 책을 읽어준 아이는 일반적 방식으로 책을 읽어준 아이보다 언어발달 테스트에서 높은 성적을 거뒀습니다. 이 연구는 뉴욕주, 테네시주, 멕시코주 등 다양한 지역, 가정과 유치원, 어린이집 등 다양한 기관 그리고 소득 수준이 다른 여러 환경의 아이들을 대상으로 진행됐는데도 모든 환경에서 같은 결과를 보였습니다.

그럼 다음 장부터는 대화식 책 읽기가 구체적으로 어떤 방법인지 그리고 어떤 식으로 실천하면 좋은지 자세히 다뤄보겠습니다.

2장

아이의 능력을 쑥쑥 자라게 하는
대화식 책 읽기

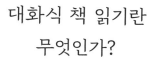

대화식 책 읽기란
무엇인가?

앞서 소개한 대로 미국에서는 1970년대부터 그림책을 읽어줄 때 부모와 자녀가 나누는 대화에 관한 연구가 진행되고 있습니다. 단순히 부모가 읽어주는 이야기를 듣기만 하는 것이 아니라 그에 관해 아이와 부모가 나누는 부수적 대화가 어떤 효과를 지니고 있는지를 주로 언어 습득 관점에서 검증해 왔죠. 그리고 이를 적극적으로 활용하기 위해 개발된 책 읽기 방법이 바로 화이트허스트 박사팀의 다이얼로직 리딩, 즉 대화식 책 읽기입니다.

다이얼로직이란 대화를 뜻하는 다이얼로그dialogue에서 파생된 형용사입니다. 실제로 해보면 알겠지만 대화식 책 읽기를 본격적으로 실천하려면 부모는 '어떤 질문을 해야 할까?', '어떤 답을 해줘야 좋을까?' 같은 것들을 생각해야 하기 때문에 그냥 책을 읽어주기만 할 때보다 머리도 많이 써야 하고 노력도 필요합니다. 부모에게는 부담이 되는 일일 수밖에 없죠. 하지만 부모가 갖는 부담감이 커지는 만큼 아이에 대한 교육 효과도 커집니다.

책 읽기 방법에 관해 국내에서는 정서적 유대를 나누거나 아이의 상상력을 기르기 위해 질문은 하지 않는 것이 좋다는 의견이 주류입니다. 물론 앞에서도 강조했듯이 이야기 세계에 깊이 감정이입하거나 상상력을 발휘하는 일 그리고 다른 사람의 말을 집중해 경청하는 일에도 중요한 교육적 효과가 있다는 것은 틀림없습니다.

반면 대화식 책 읽기는 책 읽는 방법 자체를 배울 수 있다는 장점이 있습니다. 어떤 식으로 책을 읽고 내용을 어떻게 해석하면 좋은지를 부모와 대화를 나누면서 배워나가는 것입니다. 그럼 지금부터 대화식 책 읽기란 어떤 방법인지 상세히 알아보겠습니다.

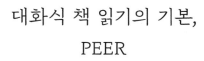

대화식 책 읽기의 기본, PEER

화이트허스트 박사가 이끄는 연구 팀이 발표한 대화식 책 읽기에서 대화의 흐름은 약칭 'PEER'라고 하는 다음의 네 단계로 이뤄집니다.

P: 촉진

책의 내용에 대해 아이가 뭔가를 말하도록 발화를 촉진Prompt 하는 질문을 합니다.

예) "어떤 동물이 있을까?"

E: 평가

아이의 발언에 호응해 주거나 칭찬하는 등 평가$_{Evaluation}$를 합니다
(부정적인 평가는 지양합니다).

예) "잘 아는구나. 그래, 토끼가 있구나!"

E: 확장

아이의 발언을 확장$_{Expand}$해 다른 단어로 바꿔 말하거나 정보를
더하거나 질문을 추가하거나 화제를 넓힙니다.

예) "그래, 영어로는 래빗." (다른 단어로 바꿔 말하기)

"귀가 긴 토끼구나." (정보 더하기)

"토끼만 그럴까?" (질문 추가하기)

"토끼 지난번에 봤지?" (화제 넓히기)

R: 반복

아이의 이해를 촉진하기 위해 중요한 단어를 반복$_{Repeat}$해서 말하
거나 이야기를 요약해 줍니다.

예) "그렇구나, 토끼랑 거북이가 있구나!"

대화식 책 읽기에서는 한 번의 대화를 주고받을 때 촉진-평가-확장-반복의 PEER 단계를 모두 거쳤는지 신경 써야 합니다. 화이트허스트 박사는 처음 읽는 책의 경우 첫 번째는 처음부터 끝까지 쭉 읽어주고 두 번째 읽을 때부터 PEER 단계에 따라 한 쪽당 한 번꼴로 대화하길 권장합니다.

너무 부담스럽다고요? 횟수만으로 보면 언뜻 힘든 일처럼 느껴지지만 이는 어디까지나 권장 사항일 뿐입니다. 이 과정을 반드시 엄격하게 지켜야 할 필요는 없습니다. 예를 들어 아이가 자발적으로 말을 꺼낸 시점에서 촉진(P) 단계를 건너뛰고 '평가(E)-확장(E)-반복(R)' 순서로 대화를 전개해도 전혀 상관없습니다. 또는 평가(E) 뒤에 반복(R)을 하고 이야기를 확장(E)해도 됩니다(예: "그렇구나. 너구리구나. ○○(이)는 너구리를 본 적 있니?" 등). 또 아이가 책 속 이야기에 몰두해 있다면 아이의 응답에 일단 호응해 주고 곧바로 책 내용으로 돌아가도 괜찮습니다.

무엇보다 PEER 단계를 무리하게 한 쪽에 한 번씩 진행하려고 하지 않아도 됩니다. 특히 아이가 부모가 일방적으로 책을 읽어주는 방식에 이미 익숙하다면 어느 날 갑자기 많은 질문을 받을 경우 당황해 오히려 입을 닫아버릴 수도 있습니다. 따라서 이럴 때는 이미 아이가 여러 번 읽어 내용을 잘 아는 책으로 두세 장에 한 번 정도 PEER 기법을 시도해 보기만 해도 충분합니다. 그러다 대화가 무르 익으면 다른 방향으로 질문을 끌어가는 것입니다.

PEER 단계를 잘 적용해 나가면 언젠가는 아이가 책을 읽을 때 마다 엄마 아빠와 대화를 나눌 수 있다는 인식을 하게 됩니다. 이 감각을 좀 더 빨리 익히게 해주고 싶다면 아이가 처음 책을 접하는 시기부터 대화식 책 읽기를 실천하는 것이 이상적입니다.

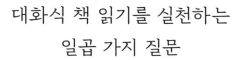

대화식 책 읽기를 실천하는 일곱 가지 질문

어떤가요? 대화식 책 읽기의 기본 구조인 PEER 단계가 무엇인지 충분히 이해가 됐나요? 아직 좀 이해하기 어렵다거나 어떤 질문을 하면 좋을지 모르겠다고 생각하는 분도 있을 것입니다. 자연스러운 일입니다. 그래서 이번에는 PEER를 실천하기 쉽게 하는 일곱 가지 구체적인 질문을 소개해 보려고 합니다. 이 질문들에는 두 번째 E인 평가 단계의 '호응해 준다, 칭찬한다' 외의 모든 요소가 포함돼 있습니다.

1. 의문사형 질문

'누가', '무엇을', '언제', '어디서', '왜', '어떻게'와 같은 질문(육하원칙)을 활용한 대화입니다. "이건 무슨 색이야?", "이 알은 누구 알일까?", "어떻게 하면 문이 열릴까?", "무엇을 하고 있지?" 등 육하원칙을 묻는 의문사형 질문을 그림책의 그림이나 이야기 전개를 토대로 활용해 봅시다. 예를 들면 그림 속 어떤 대상을 가리키며 "이건 뭐야?"라고 질문해 보는 것입니다. 이런 유의 질문은 아이가 새로운 어휘를 익히는 데 유용합니다.

🐷 이건 뭐지?

🐷 돼지.

🐷 돼지들이 무엇을 하고 있어?

이런 식으로 다른 의문사를 활용한 질문을 이어가는 것도 가능합니다. 의문사형 질문은 내용에 따라 난이도가 크게 달라집니다. 그러므로 아이의 연령이나 지식, 이해도에 따라 알맞게 활용해야 합니다.

하버드에서 배운 최강의 책육아

2. 의문사형 질문에 대한 아이의 대답을 확장하는 질문

의문사형 질문에 대한 아이의 대답을 듣고 이를 토대로 좀 더 구체적인 질문을 합니다. 예를 들어 "이건 뭐지?"라고 묻고 아이가 "멍멍이"라고 답했다면 더 나아가 "멍멍이는 무슨 색이야?"라고 물어봅니다.

3. 아이의 대답을 반복하는 질문

단순히 아이의 대답을 반복해 주기만 해도 아이의 발화를 촉진하는 효과가 있습니다.

🐦 이건 뭐지?

🐦 냐옹이.

🐦 그래, 냐옹이지?

이런 식으로 책을 읽어주는 부모가 긍정해 줌으로써 아이는 자신의 대답이 받아들여졌다는 사실을 알게 되기 때문입니다.

4. 정해진 답이 없는 질문

정해진 답이 없는 질문을 할 때는 그림책에 나온 그림을 활용합니다. 특히 일러스트가 풍부하고 섬세한 그림책을 선택하는 것이 좋습니다. 이미 여러 번 읽어서 아이가 친숙한 책이라면 더 좋겠죠. 그림을 가리키며 "이 그림에 대해 말해볼래?" 같은 식으로 아이가 자유롭게 대답할 수 있는 질문을 합니다.

엄밀히 말해 어떤 질문이든 묻는 방식에 따라 정해진 답이 있는 질문이 되기도 하고 없는 질문이 되기도 합니다. 예를 들어 부모가 "수수경단을 만든 사람은 할아버지와 할머니였었나?"라고 물어보면 아이는 아마도 "응"이라는 한마디로 대답을 끝내버리겠죠. 그러면 이야기 전개를 떠올리는 행위를 부모가 절반은 해준 것이나 마찬가지입니다. "수수경단이 어떻게 만들어졌더라?"라고 질문 방식을 살짝 바꾸면 아이가 스스로 생각할 수밖에 없는 상황을 만들 수 있습니다.

"이 그림에서 무슨 일이 일어나고 있는지 설명해 볼까?"

"○○(이)라면 이럴 때 어떻게 할 거야?"

"이 아이는 지금 어떤 기분일까?"

이런 질문은 아이가 자유롭게 자신의 생각을 말하도록 함으로써 아이의 표현력을 풍부하게 하고 세부 사항에 주의를 기울이는 힘을 길러줍니다. 어른의 시각에서는 너무 간단해 보이는 질문일지 모르지만 아이는 충분히 생각해야 답할 수 있으며 이런 훈련을 반복하는 과정에서 사고력을 키워나갈 수 있습니다. 아이에게 될 수 있는 대로 생각하고 발언할 기회를 늘려준다는 의미에서 아이의 성장 단계에 맞춰 정해진 답이 없는 질문을 늘려가려고 하는 것이 중요합니다.

5. 문장을 완성하는 질문

다섯 번째는 어구의 마지막 부분을 아이가 발화하도록 하는 질문입니다. 이때는 반복 표현이 많은 그림책을 활용하면 좋습니다. 예를 들어 "귀여운 고양이가 되고 싶어, 살짝 뚱보지만"이라는 문장이 있다면 "귀여운 고양이가 되고 싶어, 살짝"까지를 부모가 읽고 "뚱보지만" 부분을 아이가 보충하게 하는 식입니다.

문장을 완성하게 하는 읽기 방식은 아이가 언어와 문장 구조를 이해하도록 도울 뿐 아니라 나중에 아이가 혼자서 읽기를 배우는 데도 도움을 줍니다.

반복해서 나오는 같은 문장이나 자주 등장하는 대사, 노래 가사의 일부를 아이가 말해보게 하는 것도 좋습니다. 일종의 게임 같은 성격이 있기 때문에 아이가 부모와 함께 책 읽는 놀이를 하고 있다는 느낌을 받게 되고 순수하게 책 읽기를 즐길 수 있습니다. 아이가 좋아하는 책을 활용하면 더욱 좋습니다.

6. 책의 내용을 떠올리게 하는 질문

여섯 번째로 소개할 것은 처음으로 책을 다 읽었을 때 또는 이미 읽은 적 있는 책을 다시 읽기 전에 내용을 묻는 퀴즈형 질문입니다. 예를 들어 "이 이야기에서 파란 새가 어떻게 됐는지 가르쳐줄래?", "헨젤과 그레텔은 숲속을 걸어가며 어떤 행동을 했지?"와 같은 질문을 해봅시다.

이렇게 책의 내용을 떠올리게 하는 대화를 나누면 내용의 순서를 표현하는 기량이 길러지고 이야기의 짜임새를 깊이 있게 이해할 수 있습니다.

이 질문에는 글자를 익히기 위한 학습용 그림책처럼 이야기가 없는 작품을 제외한 모든 그림책을 활용할 수 있습니다. 난도가 약간 높기 때문에 주로 만 4~5세 이상 아동을 대상으로 합니다.

7. 아이의 생활과 관련된 질문

마지막으로 그림책에 나오는 말이나 그림, 이야기 전개를 아이의 생활과 관련지어 질문해 봅니다. 예를 들어 그림책에 동물원이 나오면 "동물원에 갔던 거 기억나니?", "동물원에서 무슨 동물을 봤지?" 등과 같이 질문하는 식입니다.

"이 아이 길을 잃어버린 건가? ○○(이)는 길을 잃어버리면 어떻게 할 거야?"

"빨간 드레스를 입고 있구나. ○○(이)는 무슨 색 드레스가 있어?"

"낙타구나! 지난번에 동물원에 갔던 거 기억해?"

"이 아이 장난꾸러기구나. ○○(이) 어린이집에도 장난꾸러기 친구가 있어?"

이렇게 아이의 생활과 관련된 질문은 그림책과 현실 세계를 이어주는 데 도움이 되고 언어 발달과 독해력은 물론 화술을 기르는 데도 유용합니다.

특히 이런 질문에는 또 다른 중요한 능력을 키워주는 효과도 있습니다. 어른의 경우에도 책을 읽거나 영화를 보고 난 뒤 "아, 재밌었다"라고 표면적인 감상을 갖는 데서 끝나는 사람이 있는가 하면 "이런 문제를 생각해 볼 수 있는 작품이었어"라고 교훈이나 깨달음을 얻어 실생활과 연결 짓는 사람도 있습니다. 이 차이는 바로 그 사람의 통찰력과 응용력에서 비롯됩니다. 작품 세계에 몰입할 뿐 아니라 작품 속 대상과 거리를 두고 작품의 내부와 외부를 폭넓게 파악하는 것이 사고 습관이며 이는 어릴 때부터 훈련을 통해 익힐 수 있습니다.

기존의 책 읽기 방식은 오히려 쓸데없는 정보를 생략함으로써 아이가 작품 세계에만 몰입할 수 있게 해 아이의 상상력을 키운다는 점이 중시됩니다. 물론 그런 효과를 부정하진 않지만 이때도 이야기를 다 읽고 난 뒤 이야기와 현실을 연결해 생각해 볼 수 있는 질문을 한다면 아이의 세계관을 확장하는 데 도움이 될 것입니다.

여기까지 PEER 단계에 활용할 수 있는 일곱 가지 질문을 소개했습니다. 마지막 두 질문, 책의 내용을 떠올리게 하는 질문과 아이의 생활과 관련된 질문은 다른 질문에 비해 난도가 높으니 만 4~5세 이상의 아동을 대상으로 활용한다고 생각하면 됩니다. 그

외 질문은 모든 연령의 아동에게 적용할 수 있습니다.

앞에서도 말했듯 대화식 책 읽기는 특히 일러스트가 충실하게 그려진 그림책이나 아이가 강하게 흥미를 보이는 그림책으로 하는 것이 가장 적합합니다. 따라서 그림책을 읽을 때 실제로 아이가 재밌어하는지 유심히 관찰하는 것이 중요합니다.

대화식 책 읽기 방법은 그림책을 읽어줄 때 외에도, 아이와 함께 애니메이션이나 유튜브를 볼 때에도 확장해 활용할 수 있습니다. 이때의 질문 또한 그림책을 읽을 때와 다르지 않습니다. 아이가 콘텐츠를 접하는 동안 정보를 수동적으로 받아들이는 것이 아니라 자기 나름대로 재구성하면서 받아들이는 습관을 길러줍시다.

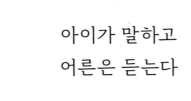

아이가 말하고
어른은 듣는다

앞에서 강조한 대로 PEER 단계는 대화식 책 읽기의 과정일 뿐 이를 따르는 것보다 더 중요한 것은 다음의 대원칙을 지키는 것입 니다.

1. 책을 읽어줄 때 발언 주도권을 아이에게 조금씩 양보할 것

2. 말하고 싶은 분위기를 만들기 위해 아이의 말을 철저히 수용할 것

3. 추가 정보를 자연스럽게 더해갈 것

4. 아이가 재밌어하는 것을 대전제로 학습 분위기는 완전히 없앨 것

대화식 책 읽기의 특징은 아이가 말하는 주체가 되고 어른이 듣는 역할을 한다는 것입니다. 어른은 아이가 책을 읽는 방법을 배울 수 있도록 대화를 나눠주는 보조 역할을 합니다. 그리고 아이가 책에 관해 말을 할 수 있도록 자신감을 북돋아 줍니다.

물론 아이가 갑자기 이렇게 할 수 있는 것은 아닙니다. 말을 익히기 바쁜 만 2~3세 아동에게는 특히 어려울 것입니다. 만 4~5세 아이라 해도 중간 중간 어른이 자연스럽게 도와주면서 대화의 흐름을 잡아줘야 합니다. 그러다 보면 어느새 아이가 자기 나름대로 대화를 이끌어 나갈 것입니다.

혹시 아이는 말하는 주체가 될 수 없다고 생각하진 않나요? 만약 그렇다면 그것은 단지 아이가 말하는 주체가 되는 훈련을 할 기회를 주지 않는다는 것의 방증일 뿐입니다. 책을 읽는 능력과 책의 내용을 말하는 능력은 별개임을 꼭 인지하고 있어야 합니다.

이를 위해 아이가 한 말을 다른 표현으로 바꿔 말해주거나 정보를 더해줌으로써 대화를 확장해 나가야 합니다. 또 대화를 나누기만 하는 것이 아니라 대화를 통해 아이가 실제로 뭔가를 배우고 있는지도 확인해야 합니다.

구체적으로 책을 읽을 때 아이와 나누는 대화를 예로 들어보겠습니다.

🐦 (소방차를 가리키며) 이건 뭐지?

🐦 트럭.

🐦 ① 그렇구나.

　② 이건 **빨간** 소방차구나.

　③ 소방차라고 말할 수 있어?

①의 "그렇구나"라는 호응은 아이의 발화에 대한 반응입니다. ②에서 "이건 빨간 소방차구나"라고 정보를 더해 아이의 발화 내용을 확장해 줍니다. ③에서는 아이에게 "소방차"라고 말해보게 함으로써 이 대화를 통해 아이가 학습을 했는지 확인합니다.

지금까지 어른은 읽는 쪽, 아이는 듣는 쪽에서 일반적인 책 읽기를 해왔다면 책을 읽어줄 때 이런 대화를 나누는 것이 어렵게 느껴질 수도 있습니다. 실제도 처음 읽는 책으로 대화하기는 부모나 아이 모두 힘들 것입니다. 하지만 아이는 같은 그림책을 반복해 읽는 것을 좋아합니다. 처음 읽어줄 때 시도하기 어렵다면 꼭 두 번째 이후부터 대화식 책 읽기를 적용해 보길 바랍니다. 읽는 횟수가 늘어날수록 아이의 발화를 더 많이 유도하면 좋습니다.

3장

오늘 시작할 수 있는
대화식 책 읽기_실전 편

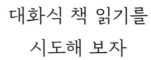

대화식 책 읽기를
시도해 보자

2장에서 소개한 대로 대화식 책 읽기는 PEER, 즉 촉진(P), 평가 (E), 확장(E) 그리고 마지막 반복(R)의 단계에 따라 다음의 일곱 가 지 질문을 바탕으로 대화를 실행합니다.

1. 의문사형 질문

2. 의문사형 질문에 대한 아이의 대답을 확장하는 질문

3. 아이의 대답을 반복하는 질문

4. 정해진 답이 없는 질문

5. 문장을 완성하는 질문

6. 책의 내용을 떠올리게 하는 질문

7. 아이의 생활과 관련된 질문

이 일곱 가지 질문을 할 때는 아이에게 호응해 주거나 아이를 칭찬, 격려하는 등 아이의 발언을 평가(E)하는 단계가 중요합니다. 이를 토대로 이번 장에서는 실제 그림책을 활용해 작품별로 나누면 좋은 대화를 소개하려고 합니다. 이는 어디까지나 대화식 책 읽기의 요령을 가능한 한 빨리 파악하도록 돕기 위한 참고 자료니 여기서 소개한 모든 질문을 할 필요는 없다는 점을 기억해 주세요.

하버드에서 배운 최강의 책육아

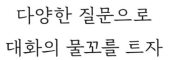

다양한 질문으로
대화의 물꼬를 트자

《배고픈 애벌레》
에릭 칼 지음, 이희재 옮김, 더큰, 2007

대화식 책 읽기는 그림을 보고 대답을 이끌어 내는 질문이나 아이를 생각하게 하는 질문 등을 통해 다양한 종류의 대화가 가능합니다.

《배고픈 애벌레》는 특히 일곱 가지 질문의 여러 유형을 활용할 수 있는 책입니다. 예를 들어 첫머리에 알이 그려져 있는 부분에서 "알은 어디에 있지?"라고 묻거나 달이 그려져 있는 부분에서 "이건 뭐지?"라고 물어보면 아이의 어휘력을 파악할 수 있습니다.

질문뿐만 아니라 몇 마디 말을 덧붙여 주는 것도 중요합니다. 예를 들어 다른 나라의 과일 그림은 국내 과일과 이름이 같아도 생김새가 다를 수 있습니다. 과일이 많이 나와 있는 장면에서 "이 배는 우리나라 배랑은 좀 다르지?"라든지 자두를 가리키면서 "이 자두는 먹어본 적이 없지?"와 같은 식의 말을 덧붙여 주면 나중에 아이가 혼자서 책을 읽을 때 스스로 생각하면서 읽어나갈 수 있고 기계적으로 글자를 쫓아가는 것이 아니라 묘사된 그림을 이해하면서 읽을 수 있습니다.

그럼 구체적으로 어떻게 대화를 주고받는지 예를 통해 살펴봅시다.

의문사형 질문과 대답의 확장·반복

예를 들어 맨 처음 장면에서 잎사귀에 있는 알을 가리키며 다음과 같은 대화를 시도해 봅시다.

🐦 이건 뭐지?

🐛 알.

🐦 그렇구나. 알. (아이의 대답을 반복)

　하얀색 알이구나. (대답의 확장)

🐦 이건 뭐지?

🐛 달님.

🐦 그렇구나. 둥근 달님이구나. (대답의 확장)

이런 식으로 아이의 대답을 반복하고 확장하면 어휘력과 표현력을 기를 수 있습니다.

아이의 생활과 관련된 질문

과식해서 배탈이 난 애벌레가 나오는 장면에서는 "우리 ○○(이)랑 똑같네?"라는 식으로 질문을 덧붙이면 이야기 속 세계가 사실은 현실 세계와 연결되어 있다는 사실도 배울 수 있습니다. 이를 통해 글을 자신과 연관 지어 생각할 수 있게 됩니다.

맨 처음 애벌레가 등장하는 장면에서는 애벌레를 본 적이 없는 아이도 있을 테니 다음과 같은 대화를 시도해 봅시다.

🐦 이건 뭐지?

🐦 애벌레?

🐦 ○○(이)는 벌레 본 적 있니?

🐦 본 적 없어.

🐦 어디에 있을까? 이렇게 잎사귀 위에 있구나.

문장을 완성하는 질문

"배는 꼬르륵꼬르륵"이라는 문장이 이어지는 장면에서는 세 번
정도 반복해 읽은 이후 다음과 같이 아이가 문장을 완성할 수 있
도록 질문해 봅니다.

🐦 역시 배는…?

🐦 꼬르륵꼬르륵.

🐦 그렇지만 배는…?

🐦 꼬르륵꼬르륵.

'배'라는 단어를 힌트로 아이 입에서 '꼬르륵꼬르륵'이라는 말이
나온다면 아이가 이야기 전개를 예측할 수 있다는 뜻입니다. 어려

위할 때는 '꼬'라고 힌트를 주고 '꼬르륵꼬르륵'이라고 답하면 "정답! 딩동댕!" 이렇게 호응하는 것도 잊지 않도록 합니다.

정해진 답이 없는 질문

애벌레가 자라서 번데기가 되어 잠든 장면에서는 "자, 여기서 무엇이 나올까?"라고 물어보고 아이가 생각을 하도록 유도합니다. 여담이지만 제가 참여한 연구에서 어떤 미국 아이들은 잠깐 생각에 잠겼다가 "아기"라고 대답하기도 했습니다. 재밌는 발상이었죠.

여기서 핵심은 아이가 한 대답이 맞았는지 틀렸는지가 아니라 스스로 생각하는 습관을 갖게 하는 것입니다. 아이들은 몇 번이고 같은 책을 읽는 것을 좋아하기 때문에 두 번째 읽을 때는 "나비"라는 답을 하게 됩니다. 어떤 책이든 책을 읽어줄 때는 아이들이 뭔가를 말하면 반드시 피드백을 해주시길 바랍니다.

그렇게 함으로써 책을 읽어주는 사람과 아이가 계속 대화를 이어갈 수 있고 아이의 언어능력이 향상될 수 있습니다.

《누구 그림자일까?》 최숙희 글·그림, 보림, 2000
《사과가 쿵!》 다다 히로시 글·그림, 정근 옮김, 보림, 2006
《그건 내 조끼야》 나카에 요시오 글, 우에노 노리코 그림, 박상희 옮김, 비룡소, 2000
《누가 내 머리에 똥 쌌어?》 베르너 홀츠바르트 글, 볼프 예를브루흐 그림, 사계절, 2002
《시리동동 거미동동》 제주도 꼬리따기 노래, 권윤덕 그림, 창비, 2003

아이에게 친숙한 동물이 등장하는 그림책부터 시작해 보세요. "이건 무슨 동물이야?", "우리 동물원에 가서 본 거 기억나?" 같은 질문을 주고받으며 언어를 확장할 수 있습니다. 단순한 내용과 반복적 구성 또한 아이의 마음을 사로잡기 좋습니다.

《그건 내 조끼야》에는 "정말 멋진 조끼다! 나도 한번 입어보자", "조금 끼나?"라는 문장이 반복되는데요, "조금 끼나?"라는 대사가 나올 장으로 넘기기 전에 "이 다음에 무슨 말이 나올 것 같아?"라고 아이에게 질문을 던지면 이야기 전개를 예측하며 생각하는 습관을 길러줄 수 있습니다. 등장하는 동물이 점점 커지는 게 핵심이니 "다음엔 무슨 동물이 나올까?"라고 물어보는 것도 좋겠죠.

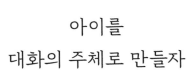

아이를
대화의 주체로 만들자

《글자 없는 그림책》
딕 브루너 지음

글자가 하나도 쓰여 있지 않은 그림책은 해석의 자유도가 높기 때문에 아이의 사고력과 전달력을 끌어내기 쉬워 대화식 책 읽기에 매우 적합한 소재입니다.

대표적으로 소개하고 싶은 책은 미피Miffy 작가로도 유명한 딕 브루너의 《글자 없는 그림책》으로 어린 남자아이의 어느 하루를 그린 작품입니다.

브루너의 작품은 아기들이 눈을 떼지 못하는 그림으로 잘 알려져 있습니다. 그 이유는 두 가지가 있는데 하나는 모든 그림이 아기도 인식하기 쉬운 굵은 윤곽으로 그려져 있다는 점이고 다른 하나는 등장인물의 얼굴이 언제나 독자를 향하고 있다는 점입니다.

이런 특징 때문에 아이가 두 돌 정도 지나면 이 작품을 졸업해 버리는 가정도 많지만 이것만큼 아이 나름대로 이야기를 창작하기 쉬운 그림책은 없습니다. 아무 정보도 없기 때문에(어른이 전혀 등장하지 않고 남자아이가 인형인지 미아인지 알 수 없으며 저녁밥 반찬이 그려져 있지 않은 것 등) 그 공백을 메우는 공상을 하기 좋습니다. 아이의 어휘력이 높아지기 시작하면 "오늘은 ○○(이)가 읽어줄래?"라고 처음부터 맡겨도 좋을 것입니다.

글자가 없는 그림책을 읽을 때는 정해진 답이 없는 질문을 적극적으로 활용해 보세요. 예를 들면 다음과 같은 질문입니다.

"네가 주인공이라면 어떻게 할 거야?"

이 질문은 미국 가정에서 자녀가 생각하는 연습을 하게 할 목적으로 자주 사용합니다. 글자가 없는 만큼 서둘러 다음 쪽으로 넘어갈 필요도 없기 때문에 이야기를 계속 확장해 가면서 아이에게 생각할 기회를 늘려주길 바랍니다.

《글자 없는 그림책》은 어떤 식으로 읽어주면 좋을까요? 제가 진행한 '글자 없는 이야기 그림책 연구'에 따르면 부모의 읽기 방식은 두 가지가 있었습니다. '아이에게 질문하면서 읽어주기'와 '즉흥적으로 이야기 만들기'입니다. 어느 쪽이든 자신에게 쉬운 방법으로 시도해 보길 바랍니다.

그림을 보면서 아이가 이야기를 만들어 보게 하는 것도 좋습니다. "자고 있던 아이가 꼬끼오 하고 닭이 우는 소리에 깨어나 세수를 하고 이를 닦고 있어"라는 식으로 아이가 자유롭게 이야기하도록 지켜보는 것입니다. 구체적인 예를 살펴볼까요?

의문사형 질문과 대답의 확장

닭이 나오는 장면에서 다음과 같은 대화를 시도해 봅시다.

하버드에서 배운 최강의 책육아

🐱 이건 뭐지?

🐦 꼬꼬닭.

🐱 그래, 맞아. 닭은 어떻게 우는지 아니?

🐦 꼬끼오.

🐱 그렇지. '꼬끼오' 하고 울지? 언제 우는지 아니?

🐦 몰라.

🐱 아침에 운단다.

정해진 답이 없는 질문

맨 처음 아기가 잠들어 있는 그림에서는 "아기가 자고 있구나" 또는 "우리 ○○(이)도 이런 식으로 잔단다"라고 말을 건네봅시다. 그리고 아이의 말을 유도하기 위해 "아기는 뭘 하고 있을까?"라고 질문을 해봅시다. 주인공이 울고 있는 아이를 바라보고 있는 장면에서는 아이의 생각을 물어봅시다.

🐱 어머, 울고 있구나. ○○(이)라면 어떻게 할 거야?

🐦 "왜 울어"라고 물어볼 거야.

🐱 어린아이는 뭐라고 할까?

또 "노란 모자를 쓴 아이는 왜 울고 있을까?"라는 질문을 해도 좋습니다. 같은 장면에서 다음과 같이 이야기를 예측하는 질문도 가능합니다.

남자아이가 어떻게 할 것 같아?

데리고 가.

(장을 넘기고)

정말이네? 집에 데리고 가는구나.

아이의 생활과 관련된 질문

이 책은 주인공인 남자아이의 하루를 보여주는 작품이니 아이의 하루와 비교해 가는 것도 좋습니다. 예를 들면 "○○(이)는 아침에 일어나면 무엇을 하지?"라든지 "이 아이는 빵을 먹고 있는데 ○○(이)는 아침에 무엇을 먹어?"라고 질문하면 아이는 신나서 대답해 줄 것입니다.

《알과 암탉》 엘라 마리, 엔조 마리 그림, 시공주니어, 2006
《노란 우산》 류재수 지음, 보림, 2007
《눈사람 아저씨》 레이먼드 브릭스 그림, 마루벌, 1997
《구름공항》 데이비드 위즈너 그림, 시공주니어, 2017
《수잔네의 봄》 로트라우트 수잔네 베르너 그림, 윤혜정 옮김, 보림큐비, 2007

글자가 없는 그림책은 아이가 스스로 이야기를 만들며 상상력과 창
의력을 키울 수 있고 자기 생각을 말하며 어휘력, 표현력, 사고력도
기를 수 있어 연령에 따라 다양하게 활용하면 좋습니다.

《노란 우산》은 그림을 주제로 작곡한 피아노 음악이 수록돼 있어
함께 감상하면 그림책의 감동을 두 배로 느낄 수 있습니다. "우산
아래에 누가 있을까?", "그 사람은 울고 있을까, 웃고 있을까?" 등
상상력을 자극하는 대화를 통해 아이가 자기만의 이야기를 만들
수 있게 도와주세요. 《수잔네의 봄》은 책을 쭉 펼치면 4미터 병풍
처럼 변해요. 여름, 가을, 겨울 시리즈도 있으니 아이와 함께 계절의
변화를 찾아보세요.

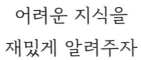

어려운 지식을
재밌게 알려주자

《아이우베 그림책あいうべえほん》
기무라 타마에 글, 우다 히데키 그림, H·U·N키카쿠, 2018

어느 날 무의식중에 자신이 입을 벌리고 있다는 사실을 깨달은
적이 있나요? 이는 평소에 입으로 호흡을 하고 있다는 뜻입니다.
입호흡은 바이러스 등이 침입하기 쉽게 해 여러 질병을 일으키는
원인이 된다고 합니다.

이런 입호흡을 원래의 바른 호흡 형태인 코호흡으로 바꿔서 감기와 충치를 예방하고 코골이를 없애고 피로나 알레르기성 질환을 개선하려는 목적으로 개발된 것이 미래클리닉 이마이 가즈아키 원장이 고안한 '아이우베 체조'입니다. 《아이우베 그림책》은 아이우베 체조를 어린이에게 쉽게 알려주기 위해 만들어진 이색적인 의학 분야 그림책입니다.

이 책의 주인공은 봄이 되면 재채기와 콧물로 고생하는 아기 고양이입니다. 아기 고양이는 결국 몸이 안 좋아져 밖에서 놀 수 없게 되자 댕댕이 선생님을 소개받습니다. 그리고 이 선생님에게 배우는 것이 바로 아이우베 체조입니다. 아이우베 체조를 매일 계속했더니 약을 먹거나 주사를 맞지 않았는데도 건강해져서 동네 다른 동물들에게도 체조를 가르쳐 준다는 내용입니다.

이 작품은 그림을 중심으로 읽어나갈 수도 있지만 "왜?", "어떻게?"라는 질문, 즉 정해진 답이 없는 질문을 많이 할 수 있다는 점이 특징입니다. 이런 질문은 이유를 설명하는 능력을 키워주며 논리적 사고의 기초를 발달시켜 줍니다. 아이에게 코호흡의 중요성을 알려주는 것은 물론 평소 습관이나 건강 그리고 의사 선생님과의 관계를 생각하는 계기가 되는 추천할 만한 책입니다.

그럼 구체적인 대화 사례를 살펴봅시다.

정해진 답이 없는 질문

첫 장면에는 건강한 아기 고양이가 등장합니다. 여기서는 "○○(이)는 무엇을 하면서 노는 게 좋아?" 같은 질문으로 아이의 발화를 촉진합니다. 아이마다 자기가 좋아하는 놀이가 있을 것입니다. 신나서 이야기해 줄 것이므로 이런 질문에서 시작하면 좋습니다.

이 그림책의 핵심이기도 한 댕댕이 선생님이 혀가 어디 있는지 묻는 장면에서는 아이와 함께 혀의 위치를 확인해 봅시다. "○○(이)의 혀는 어디에 있지? 아래에 있어?"라고 거울을 보여주면 흥미를 끌 수 있습니다. "위에 있는 쪽이 좋은 거란다"라는 댕댕이 선생님의 말에는 "왜 그럴까?"라고 생각하려는 자세를 보여줍니다. 이때 '왜 혀가 위에 있는 것이 좋은가' 하는 물음은 어른에게도 어려운 질문이니 답을 몰라도 상관없습니다. "혀가 위에 있는지 아래에 있는지 같은 거 생각해 본 적 없잖아, 그치?"라고 덧붙여도 좋습니다.

하버드에서 배운 최강의 책육아

생각하면서 읽는 것은 초등학생이 된 후 혼자서 책을 읽을 때도 중요한 독서 기술이 됩니다. 단순히 글자를 쫓는 것만으로는 책을 이해했다고 볼 수 없기 때문입니다.

댕댕이 선생님은 병에 안 걸리는 건강한 몸을 만들기 위한 주문이라며 '아, 이, 우, 베'를 가르쳐 줍니다. 여기서는 부모도 부끄러워하지 말고 그림책에 있는 댕댕이 선생님처럼 "아, 이, 우, 베"라고 시범을 보이면서 아이도 해보게 합시다.

그리고 선생님이 혀가 위에 있는지 아래에 있는지 물은 이유를 알게 되는 부분에서는 다시 "왜 혀를 위로 하면 좋은 거야?"라고 어려운 질문도 해보길 바랍니다. 거울을 이용해 혀를 아래로 했을 때와 위로 했을 때 어떻게 다른지 아이가 직접 보게 하는 것도 힌트가 될 것입니다.

"선생님은 왜 입을 다물라고 할까?"라는 물음의 답을 아이와 함께 생각해 봅시다. "아, 이, 우, 베, 혀는 위, 입은 닫고, 코로 스읍!"이라는 장면에서는 아이와 함께 코호흡을 해봅시다.

그리고 '아, 이, 우, 베'를 수차례 연습한 아기 고양이가 "감기도 안 걸리고 봄이 와도 콧물이 안 나오는 건 왜 그럴까?"라고 물어보길 바랍니다. 이런 질문은 이유를 설명하는 말하기와 글쓰기에 꼭 필요한 능력을 길러줍니다.

아이의 생활과 관련된 질문

아기 고양이가 병이 난 장면에서는 "○○(이)도 감기 걸렸을 때 많이 아팠잖아?"라든지 "배탈이 났을 때 많이 아팠잖아?"와 같은 식으로 일상의 경험을 바탕으로 한 질문을 하면 아이도 그림책 세계가 자신의 생활과 연결되어 있다는 점을 이해할 수 있습니다.

아기 고양이가 아파서 울고 있는 장면에서는 "어떻게 하면 좋을까?"라고 물어 아이가 생각하게 하고 매일 울고 있는 아기 고양이의 기분은 어떨지 질문해 봅시다. 혹은 "아기 고양이에게 무슨 말을 해줄래?"라고 물어보는 것도 좋겠죠. 다른 사람의 기분에서 생각하는 연습이 될 것입니다.

아기 고양이 친구인 토끼 미미는 댕댕이 선생님을 소개해 줬습니다. 병원에 가는 것은 어린이에게는 무서운 일인데 "○○(이)는 아프면 어떻게 할 거야?", "병원에 간 적 있잖아?" 등으로 화제를 돌려보는 것도 좋습니다.

최나야 교수가 추천하는 **함께 읽으면 좋은 책**

《우리 몸의 구멍》 허은미 글, 이혜리 그림, 길벗어린이, 2000
《왜 방귀가 나올까?》 초 신타 글·그림, 이영준 옮김, 한림출판사, 2000
《꿀벌 아피스의 놀라운 35일》 캔디스 플레밍 글, 에릭 로만 그림, 이지유 옮김, 책읽는곰, 2021
《요리조리 열어 보는 우리 몸》 루이 스토웰 글, 케이트 리크 그림, 어스본코리아, 2015
《이에서 시작하는 칼슘 이야기》 이자와 쇼코 글, 다이스케 홍골리언 그림, 강방화 옮김, 한림
출판사, 2022

한창 호기심이 넘치는 시기에 아이가 가장 많이 하는 말 중 하나는 "왜요?"가 아닐까요? "방귀는 왜 나와요?", "이가 빠지면 왜 새 이가 나요?" 쉴 새 없이 쏟아지는 질문을 살짝만 틀어주면 사고력이 자라납니다.

《우리 몸의 구멍》은 눈, 코, 입, 귀, 땀구멍, 똥구멍, 오줌구멍 등 우리 몸에 있는 구멍을 차례차례 보여주는 책이에요. "목구멍이 아파서 병원에 간 적 있잖아?", "땀구멍이 없다면 어떻게 될까?", "달팽이 똥구멍은 입 옆에 있구나?" 같은 대화를 나누며 아이의 경험을 상기시키고 상상력과 지식도 확장해 주세요.

아이의 마음을
이해해 보자

나랑 같이 놀자

《나랑 같이 놀자》
매리 홀 엣츠 글·그림, 양은영 옮김, 시공주니어, 1994

매리 홀 엣츠의 대표작에는 1944년 발표된 흑백 그림책 《숲 속에서》도 있지만 제가 추천하는 책은 《나랑 같이 놀자》입니다.

이 책은 미국 위스콘신주의 대자연에서 자란 엣츠가 유년기 숲 속에서 동물들과 놀던 기억을 바탕으로 그린 작품입니다. 그림을

　　하버드에서 배운 최강의 책육아

그리는 색상을 극도로 제한해 전체적으로 따뜻한 크림 톤만을 사용하고 있는데 이런 표현 방식이 주인공과 동물, 곤충 등의 대상에 더욱 시선이 집중되게 합니다.

따뜻한 햇살 아래 들판으로 놀러 나간 여자아이는 놀이 상대를 찾아 메뚜기, 개구리, 거북이, 다람쥐, 어치, 토끼, 뱀에게 차례차례 자기랑 같이 놀자고 말을 건네보지만 모두 달아나 버립니다.

할 수 없이 연못가로 가서 바위 위에 앉아 있으니 어느새 아이를 피해 달아났던 동물들과 곤충들이 하나둘 돌아와 아이의 주위를 둘러싸고 아기 사슴까지 찾아와서 소녀의 뺨을 핥아준다는 내용입니다.

이야기는 "아이, 좋아라. 정말로 행복해. 모두들, 모두들 나랑 놀아주니까"라는 인상적인 말로 끝납니다. 시시각각 변하는 주인공의 기분을 아이가 상상해 볼 수 있게 해주며 읽으면 좋겠죠?

그럼 구체적인 예를 살펴봅시다.

의문사형 질문과 대답의 확장

주인공 여자아이가 등장하는 장면에서는 다음과 같이 질문하고 그 대답을 확장하면 아이의 표현력을 키울 수 있습니다.

🐦 이건 누구야?

🐦 여자아이.

🐦 그렇구나, 하얀 리본을 매고 하얀 옷을 입은 여자아이네.

또 이 그림책에는 많은 동물이 등장하기 때문에 "이건 뭐야?"라고 질문하기만 해도 아이가 책 읽기에 참여할 수 있습니다. 그리고 "그렇구나, 다람쥐구나"라는 식으로 아이의 대답을 긍정하고 평가함으로써 아이에게 자신감을 심어줄 수 있습니다. 이런 경험이 반복되면 아이는 그림책을 읽는 일이 즐겁다고 생각하게 됩니다.

저는 이 그림책에서 '어치'라는 새의 이름을 처음 알게 됐는데 아이에게 익숙하지 않은 동물의 이름이 나온다면 그 그림을 가리키며 "이건 어치라는 새구나"라는 식으로 이해를 도와주면 좋습니다.

이 그림책을 미국의 엄마와 아이에게 읽게 했을 때 재밌는 일이 하나 있었습니다. 동물들이 주인공 여자아이 쪽으로 돌아오는 장면에서 만 3세 아이가 "밤비"라고 외친 것입니다. 아직 밤비가 등장하지는 않았기 때문에 엄마는 '응? 밤비? 아직 안 나왔는데?' 하고 생각하면서 잠시 읽어주던 것을 멈추고 그림을 찬찬히 다시 봤습니

다. 그랬더니 풀숲 어둑한 곳에 새끼 사슴이 그려져 있는 것이 보였습니다. 엄마는 "와, 진짜네. 밤비도 있었구나"라고 대답을 해줬습니다. 부모가 책을 읽어줄 때 아이들이 의외로 그림을 열심히 관찰하고 있다는 사실을 깨달았던 경험입니다.

문장을 완성하는 질문

주인공 여자아이는 숲속에서 메뚜기, 개구리, 거북이 등 동물들과 놀려고 하는데 그때 대사는 모두 "○○야! 나랑 같이 놀자"로 똑같습니다. 처음에는 부모가 읽어주다가 아이가 이 형식을 이해했다고 생각하면, 예를 들어 부모는 "다람쥐야"까지 읽고 멈춘 다음 아이가 "나랑 같이 놀자"를 말하게끔 해주길 바랍니다. 이렇게 예측을 하면서 책을 읽으면 독해력을 키울 수 있습니다.

정해진 답이 없는 질문

함께 놀고 싶었던 동물들이 모두 달아나 버리는 장면에서는 "누구도 놀아주지 않는구나, 왜 그럴까?"라든지 "모두 달아나 버리네, 왜 그럴까?"라는 식으로 아이 스스로 생각할 수 있는 질문을 던져봅시다.

아이의 생활과 관련된 질문

같은 장면에서 "○○(이)도 지난번에 냐옹이랑 놀려고 했을 때 냐옹이가 놀아줬었니?"라는 식으로 아이의 체험과 연결 짓는 질문도 좋습니다.

또 주인공뿐 아니라 동물이나 곤충의 기분을 상상하게 해주는 것도 중요합니다. 아이가 용기를 내 모르는 아이에게 놀자고 말했는데 상대가 서먹서먹한 태도를 보였던 경험이 분명 있을 것입니다. 그러나 그 아이가 서먹서먹하게 군 것은 말을 건 아이가 싫어서라기보다 부끄러움과 경계심이 원인일 것입니다. 그러므로 지나치게 풀이 죽거나 자기도 같은 태도를 보일 필요는 없으며 시간이 지나면 괜찮아질 것임을 아이에게 가르쳐 줄 수 있습니다(이를 상징하는 것이 쪽마다 그려져 있는 따뜻한 햇살입니다). 이런 대화를 통해 아이는 그림책 세계와 현실 세계는 동떨어진 것이 아니라고 이해하게 됩니다.

이야기 마지막 부분에서는 달아나 버린 동물들을 비롯해 아기사슴까지 모두 여자아이가 있는 곳으로 와서 아이와 함께 놀아줍니다. 이 장면에서는 "왜 모두 돌아와 줬을까?"라고 질문하고 아이

가 그 이유를 생각하게끔 해줍니다. 아이가 통찰력을 기르고 세계

관을 확장하는 데 도움이 될 것입니다.

하버드에서 배운 최강의 책육아

최나야 교수가 추천하는 **함께 읽으면 좋은 책**

《소피가 화나면, 정말 정말 화나면》 몰리 뱅 글·그림, 박수현 옮김, 책읽는곰, 2013
《눈물바다》 서현 글·그림, 사계절, 2009
《안 돼, 데이비드!》 데이비드 섀넌 글·그림, 김경희 옮김, 주니어김영사, 2020
《돼지책》 앤서니 브라운 글·그림, 허은미 옮김, 웅진주니어, 2001
《거짓말》 고대영 글, 김영진 그림, 길벗어린이, 2009

부모라면 누구나 아이 마음을 몰라준 것 같아 미안했던 순간들이 있을 거예요. 하지만 제아무리 부모라도 말로 하지 않으면 알 수 없는 것이 마음입니다. 화나고 두렵고 억울하고 슬플 때 아이가 적절한 말로 자신의 감정을 표현할 수 있도록 도와주세요.

《눈물바다》는 되는 일이 하나도 없어 억울하고 슬픈 날, 눈물을 펑펑 쏟아내 상상의 바다를 만든 주인공을 통해 좋지 않은 감정을 씻어내고 다시 웃을 수 있게 도와주는 그림책입니다. "○○(이)도 울고 싶은 날이 있었어?", "그럴 때 어떻게 하고 싶어?", "어떤 장면이 가장 좋았어?" 같은 질문으로 아이 마음을 두드려 보세요.

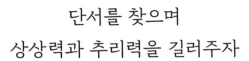

단서를 찾으며
상상력과 추리력을 길러주자

《구리와 구라의 손님》
나카가와 리에코 글, 야마와키 유리코 그림, 한림출판사, 1990

구리와 구라 시리즈는 일본뿐 아니라 전 세계에 많은 팬이 있는 베스트셀러 그림책입니다. 너무 복잡하지 않게 적당히 단순화한 그림과 콩닥콩닥 설레는 이야기 전개로 아이들의 관심을 끕니다.

참고로 작품의 주인공인 들쥐 구리와 구라의 이름은 프랑스 동화에 등장하는 들쥐가 '구루리 구루라' 하고 부르는 노래에서 유래했다고 합니다.

여기서 소개할 《구리와 구라의 손님》은 구리와 구라가 우연히 발견한 커다란 장화 발자국을 따라 마치 탐정처럼 단서를 하나둘 발견하면서 장화의 주인을 찾아내는 이야기입니다. 그 정체는 놀랍게도 산타클로스인데 의도적으로 본문에 산타클로스라는 단어는 등장하지 않습니다.

이 작품뿐 아니라 구리와 구라 시리즈는 아이들의 상상력을 북돋아 주기 쉬운 이야기가 많아서 부모와 자녀가 함께 다양한 이야기를 나누며 읽어나가기에 좋은 책입니다. 또 장면마다 그림 전개도 확실해서 아이가 즉흥적으로 이야기를 구성해 볼 수 있게 하기에도 적합합니다.

작품 자체가 지니는 매력과 더불어 아이의 행복한 크리스마스 기억과도 연결될 이 그림책은 아이가 어른이 된 뒤에도 소중한 추억으로 남을 한 권이 될 것입니다.

그럼 구체적인 대화의 예를 살펴보겠습니다.

의문사형 질문

구리와 구라가 구멍을 발견하고 놀라는 장면에서 "이건 뭐라고 생각해?", "이거 뭔가랑 닮지 않았어?"라고 물어봅시다.

아이의 생활과 관련된 질문

구리와 구라가 장화 발자국이라는 것을 알아채고 단서를 찾아 나서는 장면에서는 "○○(이)라면 어떻게 할 거야?"처럼 아이가 이야기 내용을 자신과 연관 지어 생각하게 하는 질문을 해보길 바랍니다.

"나도 찾으러 갈 거야"라고 대답하면 "엄마(아빠)에게 꼭 알려줘야 해. 모르는 사람은 따라가면 안 돼"와 같은 식으로 안전 문제를 생각해 보게끔 하는 것도 좋습니다.

구리와 구라가 간신히 장화가 있는 곳에 이르게 됐을 때는 구리와 구라의 키와 장화를 비교해 봅시다. "구리와 구라의 키만 한 장화를 신은 사람은 누굴까?"라는 질문을 통해 아이가 생각하게 합니다. "전에 외출했다가 집에 돌아왔더니 커다란 장화가 있어서 '어? 누구 거지?'라고 말했던 거 기억해?"라는 식으로 대화를 확장하는 것도 좋습니다.

하버드에서 배운 최강의 책육아

빨간 외투와 모자가 나오는 장면에서 "누군지 알았니?"라고 물어보면 아이가 산타클로스를 어느 정도 이해하고 있는지 알 수 있습니다.

빨간 외투를 입고 하얀 수염을 기른 할아버지가 나오면 "이 사람은 누굴까?"라든지 "이 사람 누군지 알아?", "○○(이) 집에도 이 사람 올까?", "○○(이) 집에도 작년에 왔었지?" 등과 같이 물어보면 좋습니다. 본문에 산타클로스라는 단어는 나오지 않기 때문에 이런 질문을 통해 아이의 어휘력도 파악할 수 있습니다.

정해진 답이 없는 질문

카스텔라 냄새에 코를 킁킁거리는 장면에서는 "누가 카스텔라를 굽고 있을까?"라고 아이의 상상력과 추리력을 확인하는 질문을 해봅시다.

마지막 파티 장면에는 많은 동물이 나오니 동물의 이름을 물어보거나 "우리 ○○(이)는 이렇게 많은 동물이 집에 놀러 오면 행복할까?"라든지 이번 크리스마스를 어떻게 보낼지 등에 관해 부모와 자녀가 함께 생각해 보는 것도 좋습니다.

《이파라파냐무냐무》 이지은 글·그림, 사계절, 2020
《세상에서 가장 맛있는 무화과》 크리스 반 알스버그 글·그림, 이지유 옮김, 미래아이, 2021
《수호의 하얀 말》 오츠카 유우조 글, 아카바 수에키치 그림, 이영준 옮김, 한림출판사, 2001
《늑대가 들려주는 아기돼지 삼형제 이야기》 존 셰스카 글, 레인 스미스 그림, 보림, 1996
《연이와 버들 도령》 백희나 글·그림, 책읽는곰, 2022

마지막 장을 넘길 때까지 결말을 알 수 없어 더욱 흥미진진한 이야기로 책 읽는 즐거움을 선물해 주세요. 숨어 있는 단서를 활용해 이어질 내용을 예측하며 책을 읽으면 독해력도 키울 수 있습니다.

제목부터 호기심을 자극하는 《이파라파냐무냐무》는 어느 평화로운 마을에 나타난 털숭숭이를 내쫓고 마을의 평온을 되찾으려는 마시멜롱의 분투기를 그린 책이에요. "이파라파? 냐무냐무? 무슨 뜻일까?", "털숭숭이는 누구일까?"처럼 상상력과 추리력을 자극하는 질문을 해보세요. "친구에게 오해를 받으면 어떤 기분이 들 것 같아?"라는 정해진 답이 없는 질문도 해볼 수 있습니다.

아이의 내면을
성장시키자

《병원에 입원한 내동생》
쓰쓰이 요리코 글, 하야시 아키코 그림, 한림출판사, 1990

쓰쓰이 요리코는 이 작품을 비롯해《이슬이의 첫 심부름》,《오늘은 소풍 가는 날》 등 읽는 사람의 감정에 호소하는 작품으로 잘 알려진 일본의 그림책 작가입니다.

이 책의 그림은 쓰쓰이 요리코와 콤비를 이뤄 아이들의 표정을 절묘한 터치로 그려내기로 정평이 나 있는 하야시 아키코가 그렸습니다. 하야시 아키코는《은지와 푹신이》를 비롯해 많은 그림책을 집필한 그림책 작가기도 합니다.

《병원에 입원한 내동생》의 주인공은 언니 순이인데 순이는 자신이 아끼는 인형을 동생 영이가 가지고 노는 것을 싫어합니다. 그러던 어느 날 동생 영이가 맹장염으로 수술을 하게 됩니다. 언니는 입원한 동생을 보러 갈 때 뭘 가져 갈까 생각합니다. 편지도 써보고 종이접기도 해보지만 마지막에는 동생이 가장 기뻐할 것 같은 선물을 생각해 낸다는 이야기입니다.

친구를 데리고 집으로 가는 장면, 엄마가 허둥지둥 병원으로 가는 장면, 천둥 번개가 무서워 이불을 뒤집어쓰고 아빠를 기다리는 장면, 엄마가 전화를 하는 장면, 동생 문병 갈 때 가져갈 것을 준비하는 장면 등 시시각각으로 주인공의 기분이 바뀌기 때문에 아이와 함께 그 감정을 쫓는 체험을 해보길 바랍니다.

여러 번 읽어 언니 감정에 익숙해지면 이번에는 동생이나 엄마 시점에서도 읽어봅시다. 다면적으로 읽어보면 이야기의 깊이가 한층 깊어질 것입니다.

이 작품은 《ANNA'S SPECIAL PRESENT》라는 제목으로 영역되어 미국에서 상을 받기도 했습니다. 책 속에 그려진 자매의 모습이 문화의 차이를 넘어 마음을 울리는 주제임을 엿볼 수 있습니다.

이 책에는 '입원'과 '수술'처럼 유아에게는 어려운 단어도 등장하지만 아이가 이해하기 쉽게 설명을 덧붙여 줌으로써 아이의 어휘력을 늘려줄 수 있습니다.

그럼 구체적으로 어떻게 대화를 주고받는지 예를 살펴봅시다.

의문사형 질문과 대답의 확장·반복

예를 들면 유치원에서 집으로 돌아온 언니 순이의 가방을 가리키며 다음과 같이 아이의 대답을 확장하고 반복해 봅시다.

🐱 이건 뭐야?

🐶 가방.

🐱 그렇구나, 노란 가방이네.

　(또는) 그래. 유치원 가방이구나.

정해진 답이 없는 질문

엄마가 입원 준비를 하고 있을 때 언니 순이의 표정을 보고 아래와 같이 주인공의 내면을 읽어내는 대화도 가능합니다.

🐱 순이는 무슨 생각을 하고 있을까?

🐶 뭔가 걱정하는 거 같아.

🐱 그러네, 왜냐면 평상시 모습과는 다르니까.

친구가 돌아가고 순이 혼자 집을 지키는 장면은 아이의 불안한 기분을 잘 표현하고 있으니 여기서도 질문을 해봅시다.

아이의 생활과 관련된 질문

맹장염에 걸린 동생 영이를 엄마가 병원으로 데리고 가는 장면에서는 아이라면 어떻게 할지 물어보면 좋습니다.

🐱 엄마가 가버렸구나. ○○(이)라면 어떻게 할 거야?

🐶 나도 같이 갈 거야.

🐱 그렇구나, 혼자서 집을 지키는 건 무섭겠지?

"○○(이)라면 어떻게 할 거야?"라는 질문에는 아이에게 생각하는 습관을 길러주려는 목표가 있습니다. 앞에서도 강조했듯이 이는 혼자 책을 읽을 때도 필요한 독서 능력입니다.

동생의 수술이 무사히 끝나 문병을 가게 된 순이는 무엇을 가져갈지 생각합니다. 이 장면에서도 다음과 같이 이야기 내용을 자기 자신의 생활로 치환해 생각하게 하는 질문을 해봅시다.

🐱 ○○(이)가 문병을 간다면 뭘 가져 갈 거야?

🐱 문병이 뭐야?

🐱 누군가 아플 때 "괜찮아?"라고 물어보러 가는 걸 말해. 엄마(아빠)가 아파서 병원에 있다면 ○○(이)는 뭘 가져갈 거야?

책의 내용을 떠올리게 하는 질문

이 책의 클라이맥스는 동생 문병을 간 순이가 위문품을 건네는 장면입니다. "이 선물은 뭐라고 생각해?"라고 장을 넘기기 전에 물어봅시다. 책의 내용을 이해한 아이라면 분명 대답할 수 있을 것입니다.

《괴물들이 사는 나라》 모리스 샌닥 글·그림, 강무홍 옮김, 시공주니어, 2002

《이슬이의 첫 심부름》 쓰쓰이 요리코 글, 하야시 아키코 그림, 한림출판사, 1991

《용감한 아이린》 윌리엄 스타이그 글·그림, 김영진 옮김, 비룡소, 2017

《태양으로 날아간 화살》 푸에블로 인디언 설화, 제럴드 멕더멋 그림, 김명숙 옮김, 시공주니어, 2017

《나는 강물처럼 말해요》 조던 스콧 글, 시드니 스미스 그림, 김지은 옮김, 책읽는곰, 2021

불안하고 두려운 감정과 처음 마주했을 때 피하지 않고 한 발 내딛는 주인공은 아이는 물론 어른에게도 큰 위로와 용기를 줍니다. 《나는 강물처럼 말해요》는 말을 더듬는 아이가 굽이치고 부서져도 쉼 없이 흐르는 강물과 마주하며 내면의 아픔을 치유하고 남과 다른 자신을 긍정하는 과정을 섬세하게 담아낸 그림책입니다. 마음과 달리 입이 떨어지지 않아 속상한 아이 입장에서 한 번, 그런 아이를 바라보는 아빠 입장에서 한 번 읽어보세요. "○○(이)는 친구들 앞에서 발표할 때 어떤 기분이 들어?", "강물처럼 말한다는 건 어떤 걸까?"라고 대화하는 사이 아이의 내면은 좀 더 단단해질 거예요.

사랑과 우정을
알려주자

《아낌없이 주는 나무》
셸 실버스타인 지음, 이재명 옮김, 시공주니어, 2017

미국 작가이자 일러스트레이터 그리고 싱어송라이터기도 한 셸 실버스타인의 《아낌없이 주는 나무》는 전 세계에서 900만 부가 넘게 팔린 베스트셀러로 일본에서는 중학교 영어 교과서에도 실릴 만큼 유명한 작품입니다. 하지만 이 작품을 둘러싼 의견은 분분합니다. 성장하는 소년과 헌신적인 나무의 관계를 긍정적으로 보는 의견과 부정적으로 보는 의견이 팽팽히 대립하고 있습니다. 실제로 실버스타인이 맨 처음 이 책의 원고를 출판사에 가져갔을 때는 "너무 슬퍼서 어린이에게는 적합하지 않다"며 거절당했다고 합니다.

저는 긍정파입니다. 이야기에 나오는 '나무'라는 존재는 엄마로도, 아빠로도, 선생님으로도, 친구로도 바꿔서 읽을 수 있습니다. 소년에게 무조건적인 사랑을 주는 나무의 모습에서 '주는 기쁨'이라는 메시지를 읽을 수 있기 때문입니다. 확실히 주제가 무거운 어려운 작품이기는 하지만 그렇기 때문에 아이가 깊이 생각할 수 있게 해주는 훌륭한 그림책이라고 생각합니다.

만약 아이가 글자에 흥미를 갖기 시작한 나이라면 소년이 나무에 '나와 나무'라고 낙서를 하는 장면에서 아이와 함께 글자를 따라 써보는 것도 좋습니다. 읽는 글자와 쓰는 글자가 연결되면 아이가 쓰는 행위에 더 흥미를 갖게 됩니다. 부모가 뭔가를 쓰는 모습에 흥미를 보이면서 자신도 똑같이 해보려고 하는 것은 유아 발달 과정에서 나타나는 행위로 이를 글자를 익히는 데 효과적으로 이용할 수 있습니다.

다음의 예를 참고해 아이가 여러 생각을 하게 해보길 바랍니다.

아이의 생활과 관련된 질문

맨 처음 소년이 나무와 노는 장면에서 소년은 나뭇잎으로 관을 만듭니다. 여기서는 "지난번에 나뭇잎이 많이 떨어져 있었지? ○○(이)는 나뭇잎으로 무엇을 만들고 싶어?"라든지 "나뭇잎으로 무엇을 할 수 있을까?"라고 실생활과 연결 지어 생각해 볼 만한 질문을 해봅시다. 그렇게 함으로써 그림책이 더 가깝게 느껴질 수 있습니다. 열매를 수확할 수 있는 계절이라면 가족이 함께 체험을 나가보는 것도 좋겠죠.

소년이 나무를 무척 좋아해서 나무를 껴안는 장면에서는 "○○(이)도 엄마(아빠) 이런 식으로 안아주잖아?"라고 덧붙이는 것도 좋습니다.

정해진 답이 없는 질문

사춘기로 접어든 소년은 나무에 올라가는 것에 시들해지고 나무에게 용돈을 달라고 조릅니다. 나무는 돈이 없기 때문에 사과를 따 가지고 가라고 권합니다. 그런데도 나무가 "행복해"라고 중얼거리는 장면에서 "왜 나무는 행복하다고 생각할까?", "○○(이)는 누군가를 기쁘게 해주고 싶을 때 어떻게 해?"와 같은 식으로 물어봅니다.

어른이 된 소년은 집을 짓기 위해 나뭇가지를 전부 베어가 버립니다. "나무는 그래서 행복했습니다"라고 읽기 전에 "가지가 전부 없어지면 나무는 어떤 기분일까?"라고 질문해 보길 바랍니다. 그리고 "왜 나무는 그렇게 행복했을까?"라고 물어보면 상대의 감정에 대한 공감하는 법을 배우는 계기가 될 것입니다.

소년이 나무의 몸통을 베어 배를 만들어 떠나는 장면에서는 "그래서 나무는 행복했습니다…"라는 설명 뒤에 "행복해지지…않았죠"라고 이어집니다. 원서에는 "but not really"라고 돼 있는데 "정말 그런 것은 아니었습니다", "하지만 정말 그랬을까요?"라고 되어 있는 번역본도 있습니다. 나라마다 번역자마다 조금씩 다르게 번역하는 부분입니다.

어른인 부모 입장에서 어느 번역이 마음에 와 닿느냐에 따라 이 그림책에서 무엇을 느꼈는지가 다르리라 생각합니다. 아이에게는 조금 어려울 수도 있는 주제지만 정말로 나무는 행복했을지 꼭 함께 이야기해 보길 바랍니다.

하버드에서 배운 최강의 책육아

이야기는 노인이 된 소년이 나무의 그루터기에 앉아 쉬는 장면에서 끝이 납니다. 전체를 다 읽고 나서 아이는 어떻게 느꼈는지 다시 한 번 물어봅시다.

나무와 소년, 각각의 입장이 돼 생각하게 하는 질문 방식도 있습니다. 예를 들어 "만약에 ○○(이)가 이 나무라면 어떻게 할 거야?" 혹은 "이 소년이라면 어떻게 할까?"라고 물어볼 수 있겠죠.

최나야 교수가 추천하는 **함께 읽으면 좋은 책**

《거인의 정원》 오스카 와일드 글, 리트바 부틸라 그림, 민유리 옮김, 베틀북, 2014
《무지개 물고기》 마르쿠스 피스터 글·그림, 공경희 옮김, 시공주니어, 1994
《은지와 푹신이》 하야시 아키코 글·그림, 한림출판사, 1994
《강아지똥》 권정생 글, 정승각 그림, 길벗어린이, 1996
《너무 울지 말아라》 우치다 린타로 글, 다카스 가즈미 그림, 유문조 옮김, 한림출판사, 2012

사랑과 우정은 어떤 모양일까요? 그림책을 매개로 다양한 형태의 사랑과 우정에 관해 아이와 이야기를 나눠보세요.

《무지개 물고기》에는 유일하게 반짝반짝 빛나는 은비늘을 가진 물고기가 나옵니다. 친구는 없지만 바다에서 가장 아름다운 물고기가 되는 것이 행복할지, 은비늘을 나눠주고 친구들과 함께하는 것이 행복할지 아이와 대화해 보세요. 《강아지똥》에서 민들레가 강아지똥에게 거름이 되어달라고 말할 때 "네가 강아지똥이라면 어떻게 할래?"라고 물어볼 수 있습니다. 강아지똥이 빗물에 녹는 장면에서는 강아지똥의 기분이 어땠을지 질문해 보세요.

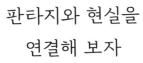

판타지와 현실을
연결해 보자

《너는 특별하단다》
맥스 루케이도 글, 세르지오 마르티네즈 그림,
아기장수의 날개 옮김, 고슴도치, 2002

이 그림책의 무대는 웸믹이라는 '작은 나무 사람들'이 사는 마을
입니다. 웸믹은 모두 제각기 다른 모습을 하고 있는데 엘리라는 목
수 아저씨가 이들을 만들었습니다. 이들은 날마다 금빛 별표가 들
어 있는 상자와 잿빛 점표가 들어 있는 상자를 들고 마을 구석구

석을 돌아다니면서 서로에게 그 별표나 점표를 붙이며 하루를 보냅니다.

이 그림책을 읽으면서는 등장인물의 기분에 초점을 맞춘 정해진 답이 없는 질문이나 아이의 생활과 관련된 질문을 통해 아이의 사고력을 길러줄 수 있습니다.

그럼 구체적인 예를 살펴봅시다.

아이의 생활과 관련된 질문

우선 이런 질문을 해봅시다.

"금빛 별표랑 잿빛 점표를 작은 나무 사람들이 서로에게 붙이고 있는데 ○○(이)는 이 행동을 어떻게 생각해?"

아이의 대답을 듣고 다음과 같이 질문을 추가해 봅니다.

"예쁜 작은 나무 사람이나 재주가 뛰어난 사람한테는 금빛 별표를 붙여주는데 이건 어떻게 생각해?"

"○○(이)라면 어느 걸 붙이고 싶어?"

이런 식으로 등장인물에 자기 자신을 대입해 생각해 보게 하는 것입니다. 만 1~4세 아이에게는 어려운 질문일 수도 있지만 그보다 나이가 많은 아동이나 초등학생이라면 충분히 대답할 수 있습니다.

인물 중 펀치넬로라는 작은 나무 사람은 금빛 별표를 받기 위해 애를 썼지만 늘 잿빛 점표만 가득합니다. 이 장면에서는 "○○(이)가 펀치넬로라면 어떤 생각이 들까?"라든지 "펀치넬로의 친구라면 어떻게 생각할까?"라는 식으로 상대의 기분을 헤아릴 수 있는지 확인해 봅시다. 예를 들어 "나라면 싫을 것 같아"라는 대답이 돌아온다면 "그럼 어떻게 하면 좋을까?"라는 식으로 질문을 확장해 봅니다.

정해진 답이 없는 질문

잿빛 점표로 가득한 펀치넬로가 자신처럼 잿빛 점표로 가득한 작은 나무 사람들과 함께 있는 쪽이 좋다고 느끼는 장면에서는 "왜 펀치넬로의 마음이 편해졌다고 생각해?"라고 물어보고 아이의 생각을 끌어내 봅시다.

이어 잿빛 점표도 금빛 별표도 붙어 있지 않은 루시아라는 작은 나무 사람을 만난 펀치넬로는 표를 붙이려 하지만 웬일인지 루시아에게는 표가 붙지 않습니다. 여기서는 "왜 점표가 붙지 않을까?"라고 중얼거려 봅니다. '어른들도 이렇게 책을 읽으면서 생각하고 있단다' 하는 본보기를 보여줄 수 있습니다. 혹은 "○○(이)가 루시아를 만나면 뭘 물어보고 싶어?", "엄마(아빠)라면 '왜 표가 안 붙는 거야?'라고 물어보고 싶어"라고 본보기가 될 만한 질문을 제시해 줘도 좋습니다.

사실은 펀치넬로도 루시아에게 그런 질문을 합니다. 루시아가 매일 엘리 아저씨를 만나러 간다고 들은 펀치넬로는 '아저씨가 나도 만나줄까?' 하고 불안해하면서 밤을 지새우는데 그 자신도 서로가 표를 붙이는 것은 이상하다고 생각합니다. 여기서는 처음에 물었던 "금빛 별표랑 잿빛 점표를 작은 나무 사람들이 서로에게 붙이고 있는데 ○○(이)는 어떻게 생각해?"라는 질문과 연결 지어 아이와 대화를 나눕니다.

고민 끝에 엘리 아저씨를 만나러 간 펀치넬로는 아저씨에게서 '다른 웸믹들이 너를 어떻게 생각하는지 상관없다'는 말을 듣습니다. 이 장면에서는 "○○(이)는 엘리 아저씨가 한 말을 어떻게 생각

해?"라고 물어봅니다.

책의 내용을 떠올리게 하는 질문

엘리 아저씨가 "왜 루시아에게는 표가 달라붙지 않는다고 생각해?"라고 질문할 때 펀치넬로가 루시아와 만났을 때 주고받은 대화를 떠올리게 하면서 "엘리 아저씨도 같은 질문을 하고 있구나"라고 덧붙입시다. 그리고 엘리 아저씨가 왜 표가 달라붙는지 이야기하면 이에 관해 아이와 이야기를 나눠보고 생각을 해봅시다.

마지막에 펀치넬로가 엘리 아저씨 집을 나오는 장면에서 잿빛 점표 한 장이 떨어지는데 그 이유에 이 그림책의 중요한 메시지가 숨어 있습니다. 엘리 아저씨와 펀치넬로가 대화를 나누는 장면에서는 반드시 "다른 사람이 어떻게 생각하든 엄마, 아빠, 선생님은 ○○(이)가 소중하단다"라고 말해주길 바랍니다.

《알사탕》 백희나 글·그림, 책읽는곰, 2017
《한밤중 개미 요정》 신선미 글·그림, 창비, 2016
《깊은 밤 마법 열차》 미첼 토이 글·그림, 공경희 옮김, 웅진주니어, 2022
《엘리베이터 여행》 파울 마르 글, 니콜라우스 하이델바흐 그림, 김경연 옮김, 풀빛, 2005
《어느 날, 마법 빗자루가》 크리스 반 알스버그 글·그림, 용희진 옮김, 키위북스, 2021

판타지는 가상 세계에서 벌어지는 사건을 담은 작품입니다. 현실 세계와 약간의 거리를 둠으로써 오히려 무엇이든 되고 어떤 것도 할 수 있다는 힘을 주죠.

《한밤중 개미 요정》에는 개미처럼 몸집이 작은 상상 친구 '개미 요정'이 등장합니다. "○○(이)는 요정을 본 적 있어?"라고 물으며 아이가 자기만의 상상 친구를 떠올려 볼 기회를 마련해 주세요. 한복을 입은 엄마와 아이, 체온계, 캐릭터 베개 등 전통과 현대를 넘나드는 신비로운 분위기도 이 책의 재미를 더해줍니다. 책 속에 숨어 있는 현대 소품을 함께 찾아보고 개미 요정들의 표정과 행동을 유심히 살펴보며 관찰력과 주의력을 키울 수도 있겠네요.

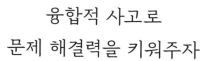

융합적 사고로
문제 해결력을 키워주자

《헬로 루비: 코딩이랑 놀자!》
린다 리우카스 지음, 이지선 옮김, 길벗어린이, 2016

최근 아시아권 초등학교에서는 프로그래밍 및 코딩 교육이 의무화되는 추세입니다. 프로그래밍 교육이라고 하면 IT 인재 양성을 위한 것으로 생각하는 사람이 많은데 이 교육의 목적은 프로그래머 육성이 아니라 프로그래밍 사고법을 가르치는 것입니다.

사실 우리도 일상생활에서 프로그래밍 사고를 하고 있습니다. 예를 들어 직장에서 업무 매뉴얼을 만든다면 작성자의 의도가 읽는 사람에게 정확히 전달되도록 업무 순서에 따라 정성껏 설명할 것입니다. 동시에 읽는 사람이 잘못된 행동을 하지 못하도록 주의 사항을 첨부해 문제 발생을 막으려 하겠죠. 그럼에도 문제가 생기면 틀림없이 재발 방지책을 생각할 것입니다.

이런 능력(순서를 세워서 설명하는 힘, 논리의 허점을 메우는 힘, 과제를 발견하는 힘, 과제 해결 순서를 발견하는 힘 등)을 총칭해 프로그래밍 사고라 합니다. 비단 IT 분야만이 아니라 아이가 장래에 어떤 일에 종사하든 중요한 능력입니다.

이 프로그래밍 사고법을 아이들에게 전하고 싶다는 바람으로 핀란드 출신 프로그래머 린다 리우카스는 《헬로 루비: 코딩이랑 놀자!》를 지었습니다. 컴퓨터를 전혀 접하지 않고도 프로그래밍 세계를 만날 수 있는 획기적인 책입니다. 처음 이 작품을 읽었을 때 프로그래밍 사고법이 영어 논문의 논리 전개법과도 통하는 면이 있다고 생각하기도 했습니다.

책의 전반부는 10장으로 구성된 그림책이고 후반부에는 아이들에게 프로그래밍 개념을 가르치는 다양한 활동 놀이가 소개돼 있습니다. 만 5세 정도 아이라면 우선 그림책 부분을 함께 읽어보고 만약 아이가 흥미를 보이면 이어지는 활동을 해보는 식으로 활용하는 것이 좋습니다.

그럼 이 책을 활용해 어떤 식으로 대화식 책 읽기를 하면 좋을까요? 주제는 독특하지만 지금까지처럼 대화를 하면 됩니다. 함께 구체적인 예를 살펴볼까요?

정해진 답이 없는 질문

아빠가 "옷을 입어라"라고 말했을 때 루비는 잠옷을 입은 채 옷을 입으려고 합니다. 이 장면에서 아이가 생각해 보게 합니다.

"왜 루비는 잠옷을 입은 채 옷을 입을까?"

힌트는 "옷을 입어라"라는 말에 있습니다. 프로그래밍 사고로 보면 "우선 잠옷을 벗고"라는 말이 빠져 있죠.

마찬가지로 장난감을 치우라는 말을 들은 루비는 연필은 치우지 않고 그대로 둡니다. 이 장면에서 아이에게 "왜 루비는 연필을 치우지 않지?"라고 물어봅시다. 그림책에 답이 나오겠지만 그 부분을 읽기 전에 아이가 스스로 생각해 보게 하는 것이 중요합니다.

아빠가 보물을 찾아보라고 하자 루비는 그 과제를 어떤 식으로 해결하면 좋을지 생각해 행동합니다. 그런데 보물을 찾아 떠난 여행에서 만난 펭귄에게 "보물 몰라?"라고 물었지만 돌아오는 대답은 도무지 무슨 소린지 알 수 없는 말뿐입니다. 이 장면에서는 "보물 몰라?"라는 질문이 왜 잘못됐는지 아이와 함께 생각해 봅니다. "어떻게 질문하면 펭귄들이 제대로 된 답을 해줄까?"라고 아이에게 물어봅시다.

아이의 생활과 관련된 질문

후반부의 스스로 해보는 활동 놀이 부분에서는 이야기에서뿐 아니라 일상생활에서 일어나는 일도 프로그래밍 사고로 생각해 보게 합니다. 예를 들어 아이에게 양치를 하라고 시킬 때의 순서를 프로그래밍 사고로 생각하게 하는 식입니다. 이 경우 순서는 이렇습니다.

'욕실로 간다 → 칫솔을 꺼낸다 → 칫솔에 치약을 묻힌다 → 입을 벌린다 → 이를 닦기 시작한다 → 이를 모두 닦는다 → 물로 헹군다 → 치약이 이에 남아 있지 않으면 욕실에서 나온다'

일상생활에서는 무의식적으로 이 순서대로 행동하지만 프로그래밍에서는 이 순서를 의식적으로 생각해야 합니다. 그러나 처음부터 머릿속으로만 순서를 정리하기는 어려우니 단순한 그림을 그려 어떤 순서로 하면 좋을지 시각적으로 표현해 보는 것도 좋겠죠.

이 책에는 이 외에도 부품과 패턴 구별, 알고리즘 이해 등 프로그래밍 사고력을 키우는 연습이 다양하게 소개돼 있습니다. 어쨌든 너무 어렵게 생각하지 말고 집에서 마트까지 가는 순서나 친구 집에 가는 순서 등을 예로 들어 아이에게 순서를 생각해 보게 하길 바랍니다.

앞서 잠깐 언급한 것처럼 이 책을 쓰면서 영어 논문의 논리 전개법을 가르치던 때의 일이 떠오르기도 했습니다. 예시를 들어 설명하는 예증, 순서를 설명하는 프로세스, 원인과 결과, 공통점과 차이점을 쓰는 방법 등이 프로그래밍 사고와 유사합니다. 따라서 책 읽기를 통해 프로그래밍 사고를 익히는 것은 역으로 글을 쓰는 데도 도움이 되리라 생각합니다.

지금까지 아홉 권의 그림책을 활용해 작품별로 나누면 좋은 대화를 살펴봤습니다. 여기서 소개한 대화는 어디까지나 예시일 뿐입니다. 앞서 설명한 PEER 단계와 일곱 가지 질문 그리고 다음 장에서 설명할 키워주고 싶은 능력별 질문 등을 응용해 각자 나름의 대화를 생각해 보길 바랍니다.

《조그만 발명가》현덕 글, 조미애 그림, 사계절, 2007
《자꾸자꾸 초인종이 울리네》팻 허친즈 글·그림, 신형건 옮김, 보물창고, 2006
《팥죽 할멈과 호랑이》박윤규 글, 백희나 그림, 시공주니어, 2006
《손 큰 할머니의 만두 만들기》채인선 글, 이억배 그림, 재미마주, 2001
《바무와 게로의 하늘 여행》시마다 유카 글·그림, 햇살과나무꾼 옮김, 중앙출판사, 2007

초등 의무교육이 된 코딩이란 주어진 명령을 컴퓨터가 이해할 수 있는 언어로 입력하는 것을 말해요. 즉, 프로그램을 만들 때 어떤 일을 어떻게 수행하게 할지 먼저 계획을 세우는 겁니다. 그림책으로 아이의 프로그래밍 사고를 키우는 대화가 가능할까요?

《자꾸자꾸 초인종이 울리네》에서는 주인공이 과자를 먹으려고 할 때마다 친구들이 놀러 와 총 열두 명까지 늘어나는데요, 과자를 어떻게 나눠 먹어야 좋을지 이야기해 보세요. 《조그만 발명가》와 《손 큰 할머니의 만두 만들기》를 읽고나서 장난감 기차와 만두 만드는 방법을 순서대로 말하거나 그림으로 표현할 수도 있어요. 자연스럽게 문제 해결력까지 기를 수 있을 거예요.

4장

맞춤형 질문으로
다섯 가지 능력을 키우는
대화식 책 읽기_심화 편

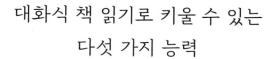

대화식 책 읽기로 키울 수 있는
다섯 가지 능력

　지금까지 대화식 책 읽기를 활용하는 방법과 구체적인 사례를 소개했습니다. 이번 장에서는 대화식 책 읽기로 키울 수 있는 아이의 능력이 무엇인지 그리고 그 능력을 효율적으로 향상할 수 있는 질문은 무엇인지 능력별로 소개하려고 합니다.

　먼저 대화식 책 읽기로 키울 수 있는 아이의 능력에는 어떤 것이 있을까요? 1장에서 사고력과 전달력, 독해력이라고 가볍게 언급했지만 실제로는 좀 더 여러 갈래로 나뉩니다.

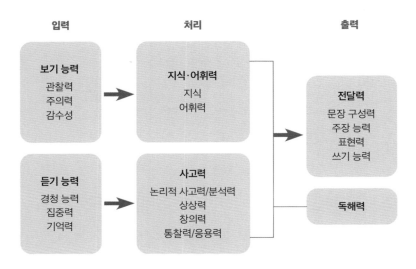

그림 2. 대화식 책 읽기로 키울 수 있는 능력

입력　　　　　　　　처리　　　　　　　　출력

보기 능력
관찰력
주의력
감수성

지식·어휘력
지식
어휘력

전달력
문장 구성력
주장 능력
표현력
쓰기 능력

듣기 능력
경청 능력
집중력
기억력

사고력
논리적 사고력/분석력
상상력
창의력
통찰력/응용력

독해력

　큰 덩어리로 보면 대화식 책 읽기에서 키울 수 있는 아이의 능력은 '보기 능력', '듣기 능력', '지식·어휘력', '사고력', '전달력'의 다섯 가지로 나뉩니다. 이 능력은 인간의 뇌가 어떤 정보를 처리해 나가는 과정을 상류(입력), 중류(처리), 하류(출력)순으로 나열한 것입니다. 〈그림 2〉에서 볼 수 있듯이 입력에 해당하는 것이 보기 능력과 듣기 능력, 처리에 해당하는 것이 지식·어휘력과 사고력, 출력에 해당하는 것이 전달력입니다.

　이 다섯 가지 능력에 따른 분류를 보통의 책 읽어주기 방식에 대

　　　　　　　　　　하버드에서 배운 최강의 책육아

입해 봅시다. 부모가 일방적으로 읽어주기만 하는 책 읽기 습관을 유지하는 경우 향상할 수 있는 능력은 듣기 능력입니다. 부모의 말에 잠자코 귀를 기울이는 행위는 아이의 경청 능력을 높여주기 때문에 듣기 능력이 향상되는 것입니다.

반대로 단련하기 어려운 것은 전달력입니다. 어른이 하는 말을 듣고 있기만 해도 어휘력은 향상될지 모르지만 자신이 생각하는 것을 문장으로 구성해 다른 사람에게 전달하는 행위는 출력 경험을 쌓아가면서 배우게 됩니다. 영어로 된 음원을 매일 들어봤자 스스로 영어를 쓸 기회가 없다면 영어 회화는 잘할 수 없는 것과 같은 이치입니다. 나머지 보기 능력, 지식 그리고 사고력의 일부(상상력 등)는 어느 정도 강화되겠지만 역시 대화를 나누지 않는 아이의 성장 추이를 확인할 방법이 없습니다.

이와 달리 대화식 책 읽기는 아이들의 정보처리나 언어능력을 종합적으로 높일 수 있습니다. 만 2~3세까지는 보기 능력, 듣기 능력, 지식·어휘력을 적극적으로 높이고 만 4~5세부터는 사고력과 전달력을 중점적으로 높여가면 좋습니다.

그럼 이 다섯 가지 능력을 높이는 질문을 살펴봅시다.

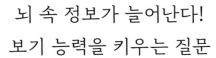

뇌 속 정보가 늘어난다!
보기 능력을 키우는 질문

당연한 말이지만 그림책은 그림이 주가 됩니다. 특히 어린아이는 부모가 책을 읽어줄 때 그림밖에 보지 않습니다(이런 까닭에 글을 다 읽기도 전에 다음 장으로 넘기려는 아이가 많습니다). 만약 아이가 그림에 관심을 보인다면 그 관심을 최대한 활용해야 합니다. 그림에 관해 적극적으로 질문하면 아이의 보기 능력을 효율적으로 강화할 수 있습니다.

여기서 말하는 보기 능력이란 시각 정보를 선별하는 능력(의식의 방향을 통제하는 능력)을 말합니다. 인간의 눈은 카메라로 치면 렌즈에 해당하며 시야에 들어온 정보를 줄기차게 뇌로 보내는 역할을 합니다. 뇌로 보내진 시각 정보량이 방대함에도 뇌에는 이걸 다 처리할 능력이 없기 때문에 실제로는 눈이 포착한 정보의 일부만을 영상으로 인식합니다. 예를 들어 이 책을 읽고 있는 지금 이 순간은 하얀 종이에 인쇄된 검은 글자(그중에서도 극히 일부)가 초점에 맺힐 뿐이며 그 주변에 보일 수도 있는 어질러진 장난감 같은 것은 희미하게 보입니다.

이런 현상이 일어나는 이유는 뇌 안에 시각 정보 필터가 있어 의식의 방향에 따라 필터를 바꾸기 때문입니다. 아이의 보기 능력을 키운다는 것은 이 필터(의식)를 자유자재로 바꿀 수 있는 능력을 기른다는 뜻입니다. 이는 아이의 관찰력과 주의력을 향상하는 데 도움이 되고 나아가 감수성(잡다한 시각 정보에서 의미 있는 정보를 추출하는 능력)을 높이는 것으로 이어집니다.

이해하기 쉽게 예를 들어볼까요. 어린아이는 부활절에 계란을 찾는 것처럼 뭔가 숨겨져 있는 것을 찾는 놀이를 좋아합니다. 숨바꼭질처럼 숨어 있는 것의 크기가 크면 보기 능력의 격차가 그다지

느껴지지 않지만 방 안에 미니카를 숨겨놓는 정도의 수준이 되면 아이의 보기 능력에서 확연한 차이가 드러납니다.

보기 능력이 약한 아이는 필터 전환이 잘 되지 않기 때문에 찾는 물건이 시야에 들어왔다고 해도 배경에 매몰되는 경우가 많고 발견하기까지 시간이 걸립니다(차를 운전할 때 표지판을 지나치고 못 보는 사람도 보기 능력이 약하다는 증거입니다). 반면 보기 능력이 강한 아이는 새의 눈(숲을 파악하는 힘)과 곤충의 눈(나무를 보는 힘)을 고속으로 전환하면서 숨어 있는 물건을 찾을 수 있기 때문에 발견하기도 쉽습니다.

아래는 제가 한 유치원에서 대화식 책 읽기를 실행하고 그 대화를 기록해 둔 자료입니다. 이때 읽은 책은 가즈코 G. 스톤의 《황금빛 폭풍きんいろあらし》이라는 그림책으로 이야기에 버드나무가 나옵니다.

선생님: 이 나무, 유치원에도 있는데 알고 있나요? (지식·어휘력 확인)

아이 A: 버드나무예요.

선생님: 네, 버드나무죠?

아이 B: 개똥벌레 앞에 있어요.

선생님: 맞아요, 개똥벌레 앞에 있는 나무죠? 버드나무 잎은 이런 색일까요? 아니면 좀 다를까요? (보기 능력 확인)

아이 C: 초록색이에요.

선생님: 아주 잘 봤네요. 그래요, 아직 초록색이죠?

대수롭지 않은 대화처럼 보이지만 중요한 점은 선생님이 아이들의 의식을 나뭇잎 색으로 향하게 했다는 것입니다. 이런 질문을 경험함으로써 아이들은 앞으로 나무를 볼 때 "아, 나무다"라고 그 존재만 단순하게 인식하는 것이 아니라 나뭇잎 색이라는 세부적인 부분에까지 의식이 향할 가능성이 높아집니다. 선생님에게 "아주 잘 봤네요"라고 칭찬을 받은 아이는 더더욱 그렇겠죠.

평상시 책을 읽어줄 때 꼭 다음과 같은 그림에 관한 질문을 해보길 바랍니다.

보기 능력을 키워주는 질문(예)

"어떤 동물이 좋을까?"

"손에 무엇을 가지고 있을까?"

"나비는 날개가 몇 개일까?"

"무당벌레가 있대. 찾아볼래?"

"이 아이는 어떤 표정을 하고 있을까?"

"이 아이는 무엇을 하는 걸까?(+왜 그렇게 생각해?)"

"추울까, 더울까?(+왜 그렇게 생각해?)"

"이 아이는 기쁠까, 슬플까?(+왜 그렇게 생각해?)"

인간의 오감(시각·청각·촉각·후각·미각)에서 얻어진 정보 중 약 90퍼센트는 시각 정보라고 합니다. 다시 말해 시각 정보의 처리 능력을 좌우하는 보기 능력이 높은지 낮은지에 따라 비슷한 생활을 하더라도 뇌에 들어오는 정보량이 크게 달라진다는 뜻입니다. 일부러 훈련을 하지 않아도 일상생활에 지장은 없기 때문에 지나쳐 버리기 쉽지만 보기 능력은 아이가 일생 동안 혜택을 받는 중요한 비인지非認知 능력입니다.

일본 쓰쿠바언어기술교육연구소 미모리 유리카가 쓴《그림책으

로 키우는 정보분석력: 논리적으로 생각하는 힘을 이끌어 낸다②

絵本で育てる情報分析力—論理的に考える力を引き出す②》라는 책을 보면 "아이가 혼자서 책을 깊이 읽을 수 있게 되기까지는 '지표(어떤 시점에서 이야기를 읽을 것인가)'가 필요하며 일본 초등교육에서는 그런 교육을 하고 있지 않다"고 지적합니다. 또 "이는 그림을 감상하는 방법에서도 마찬가지며 어릴 때 지표를 가르치면 아이의 예술 감상 능력을 훈련할 수 있다"고 설명합니다.

저 역시 대화식 책 읽기를 통해 아이들에게 직접적 혹은 간접적으로 가르쳐 주고 싶은 것이 바로 언어 지표이자 시점입니다.

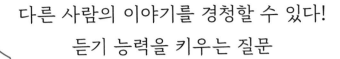

다른 사람의 이야기를 경청할 수 있다!
듣기 능력을 키우는 질문

시각과 마찬가지로 귀로 들어오는 잡다한 청각 정보는 청신경을 거쳐 뇌가 자동적으로 선별합니다. 청각 정보가 언어라면 그 의미를 이해하기 위해 다시 뇌의 언어중추가 움직입니다.

흔히 "집중력이 과도하게 높은 성향의 사람은 이야기를 잘 듣지 못한다"고 하는데 말을 듣는 능력은 뇌의 능력 중 하나로 사람마다 다릅니다. 잘하는 사람도 있고 못하는 사람도 있습니다.

하지만 이 능력은 귀를 훈련하면 향상될 수 있습니다. 특히 청각은 초등학교에 들어가기 전(만 3~6세 정도)까지 크게 발달한다고 알

하버드에서 배운 최강의 책육아

려져 있습니다. 음악교육 세계에서 "절대음감을 익히는 것은 만 6세까지"라는 정설이 뿌리 깊은 것도 아이의 청각 발달 시기와 관계가 있을 것입니다.

그런 의미에서 부모 말에 귀를 기울이도록(의식을 향하도록) 책을 읽어주는 행위는 그 자체로 아이의 듣기 능력을 높일 수 있는 절호의 기회입니다. 따라서 다른 네 가지 능력과는 달리 듣기 능력을 높이기 위한 질문은 그리 의식할 필요가 없습니다. 굳이 말하자면 책 읽어주기를 습관화하는 것, 가능하면 매일 하는 것 정도가 있습니다.

저는 부모님이나 선생님과 상담할 때가 많은데 그때 많이 듣는 질문이 바로 "대화식 책 읽기로 바꾸면 전체 이야기가 너무 세분화되어서 아이의 집중력에 악영향을 미치지는 않을까요?"라는 것입니다.

이 질문은 대화식 책 읽기를 주저하는 부모가 공통적으로 안고 있는 걱정이기도 합니다. 아이가 집중해 이야기를 듣고 있는데 그걸 방해하고 중간에 끊어버리기가 아깝다는 마음이 드는 것도 충분히 이해가 됩니다. 앞에서도 말했지만 아이가 책에 푹 빠져 이야기의 절정을 즐기고 있다면 무리하게 흐름을 끊을 필요는 없습니다. 상상의 나래를 펼치고 두근두근 설레고 흥분되는 감정을 느끼는 것도 정서교육상 중요한 일입니다. 이를 전제로 하고 이렇게 한 번 생각해 봅시다.

책을 읽어줄 때 대화를 통해 이야기를 다각적으로 분석해 읽는 습관이 생긴 아이는 이후 다른 사람의 이야기를 들을 때나 혼자서 책을 읽을 때도 자기 나름대로 생각할 수 있게 됩니다. 이야기를 경청하는 태도는 가정교육 관점에서 의미 있지만 아이의 장래를 생각했을 때 그보다 더 중요한 것은 그 이야기를 무비판적으로 수용하지 않고 주체적으로 판단할 수 사람으로 성장하는 것입니다. 원래 집중력은 아이가 관심을 갖는 것에 자연스럽게 발휘됩니다. 물론 평소에 주체적으로 생각하는 힘이 몸에 배어 있으면 집중력은 저절로 높아지겠죠.

저는 예전에 미국과 일본의 만 3세 아동의 책 읽기 양상을 조사하면서 일본 어린이가 듣기 능력이 뛰어나다면 미국 어린이는 질문 능력이 뛰어나다는 점을 발견했습니다.

확실히 일본 어린이는 가만히 듣는 것은 잘합니다. 반면 미국 어

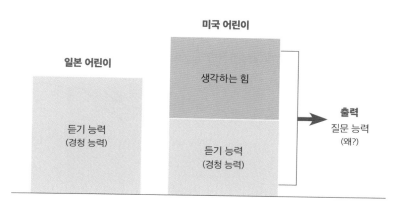

그림 3. 질문 능력

린이는 유아기부터 의견을 갖고 생각을 말하는 훈련을 받기 때문에 이야기를 들으면서 동시에 생각하는 습관이 몸에 배어 있습니다. 그 결과 책을 읽어주는 동안에도 "왜"라고 묻는 장면이 많아집니다. 이 질문 능력에는 당연히 듣기 능력이 포함돼 있습니다. 이야기를 잘 들어야 그에 관해 생각하고 질문도 할 수 있기 때문입니다. 따라서 대화식 책 읽기는 부모가 걱정하는 것처럼 아이의 집중력을 약화하지 않습니다. 부디 대화식 책 읽기로 아이의 듣기 능력뿐 아니라 질문 능력도 함께 키워주길 바랍니다.

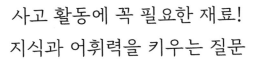

사고 활동에 꼭 필요한 재료!
지식과 어휘력을 키우는 질문

　그림책은 아이들에게 새로운 지식과 어휘를 가르쳐 줄 수 있는
최고의 교재입니다. 일방적으로 책을 읽어주기만 하면 배우는 지식
이나 말에 한계가 있지만 책을 읽어주는 어른이 그림이나 책 내용
을 소재로 이야기를 확장해 나가면 아이가 습득하는 정보량을 몇
배로 늘릴 수 있습니다. 뿐만 아니라 대화를 통해 어른이 지닌 풍
부한 표현력도 전수해 줄 수 있습니다.

　사고 활동을 요리라고 한다면 지식이나 어휘는 식재료입니다. 지식에만 치우친 교육은 확실히 문제지만 아무리 사고력이 있어도 지식과 어휘력이 없으면 깊이 사고하고 적절하게 판단할 수 없습니다. 아이의 건강을 위해 식재료에 세심히 신경 쓰는 것과 마찬가지로 아이의 사고력을 높여주기 위해 지식과 어휘, 표현을 계속 공급해 줘야 합니다.

특히 아이가 만 2~3세 정도로 아직 어리다면 지식과 어휘력을 키워주는 질문이 필연적으로 많아집니다. 게다가 적극적으로 아이의 발화를 촉진하다 보면 아이의 지식과 어휘력이 현재 어느 정도 수준인지 더 세밀하게 파악할 수 있습니다.

이전에 한 일본 유치원에서 대화식 책 읽기 연구를 진행할 때 있었던 일입니다. 그림책에 꽃무릇이 등장하는 장면에서 선생님이 아이들에게 "이 꽃 이름을 알고 있나요? 정원에도 피어 있죠?"라고 질문했습니다.

그때 가장 나이 많은 남자아이가 "나 알아요! 나 알아요! 부처님 꽃!"이라고 대답했습니다. 이 자리에 참가한 어른은 저를 포함해 모두 감탄을 금치 못했습니다. 분명 그 아이는 꽃무릇이라는 정답은 맞히지 못했습니다. 그러나 '성묘 갔을 때 봤던 꽃'이라는 사실을 기억하고 있었던 아이는 성묘가 불단에 가는 것이라는 점을 이해하고 이미지를 연결해 부처님꽃이라는 이름을 생각해 낸 것입니다.

이 외에도 한 여자아이가 공주님이 예쁜 드레스를 입고 등장하는 장면을 보고 "무도회 같다"고 답했던 일도 인상 깊었습니다. 평상시 대화에서 잘 사용하지 않는 무도회라는 단어를 습득하고 있는 것에 놀랐을 뿐 아니라 '○○ 같다'는 표현으로 자신이 알고 있는 것과 그림책에 등장하는 것을 비교하는 능력이 있다는 사실도 알았습니다.

그림책의 다른 장면에서는 선생님이 "2만 년도 더 전이라는 건 무엇일까요?"라고 물었습니다. 분명 '2만'이라는 숫자 개념은 아직 어려우리라 생각했는데 어떤 아이는 "엄청 오래전!"이라고 대답했고 또 어떤 아이는 "옛날"이라고 대답했습니다.

참고로 이 이전까지 유치원에서는 평상시 책을 읽어줄 때 문장에 나오는 단어 외에는 가능하면 언급하지 않고 아이들에게도 "선생님이 책을 읽어줄 때는 조용히 들어요"라고 가르쳤다고 합니다. 하지만 대화식 책 읽기로 바꾸고 나서 아이들에게 적극적으로 발언할 수 있는 기회를 준 결과 지식과 어휘력의 발달 정도가 눈에 띌 정도로 향상됐습니다.

이 선생님은 "어른이 상상하는 것 이상의 지식과 어휘력이 어린이들에게 자라나 있다는 사실을 깨달았습니다. 앞으로는 그것을 좀 더 키워주려고 신경 써야 할 것 같습니다"라고 소감을 전하기도 했습니다.

앞에서 말한 대로 지식과 어휘력은 스스로 생각하는 일, 자신의 의견을 말하는 일의 기초가 됩니다. 자녀가 어느 정도 성장했는지 확인해 보기 위해서라도 꼭 책을 읽어줄 때 다음과 같은 질문을 해 보길 바랍니다.

지식과 어휘력을 키워주는 질문(예)

"이건 뭐지?"

"이건 무슨 색이지?"

"이 사람은 무엇을 하고 있을까?"

"○○(을)를 알아?"

"○○(이)란 △△(을)를 말하는 거야."

"○○에 대해 함께 조사해 볼까?"

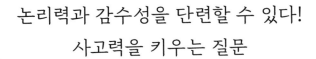

논리력과 감수성을 단련할 수 있다!
사고력을 키우는 질문

대화식 책 읽기 방식이 가장 향상할 수 있는 아이의 능력은 바로 사고력입니다. 1장에서도 소개한 "어떻게 생각해?", "왜 그렇게 생각해?"라는 질문 등으로 아이에게 스스로 생각할 기회를 주면 줄수록 사고력이나 판단력이 향상됩니다.

원래 사고력은 지금까지 아이가 생각한 적 없던 것을 반강제적으로 생각하게 할 때 비로소 단련됩니다. 이 부분을 세심하게 조정할 수 있는 것은 아이의 발육을 가까이서 지켜보는 부모입니다.

하버드에서 배운 최강의 책육아

그런데 한마디로 사고력이라고 표현하긴 해도 엄밀히 말하면 다음과 같이 여러 가지 능력으로 구성돼 있습니다.

- 논리적 사고력/분석력
- 상상력
- 창의력
- 통찰력(전체를 파악하는 힘)/응용력

사고력 중에서도 특히 중요한 것이 논리적 사고력입니다. '로지컬 싱킹logical thinking'이라고 외래어로 말하면 무턱대고 이론만 내세우는 것처럼 들리겠지만 논리적 사고력이야말로 사고력의 기반이자 모든 학문의 토대입니다. 그리고 이 능력은 유아기부터 단련할 수 있습니다.

어린아이에게 논리적 사고력을 길러주고자 할 때 어른이 신경 써야 할 점은 인과관계입니다. 예를 들어 '밥이 들어 있는 접시를 바닥에 떨어뜨리면 바닥이 더러워진다', '바닥이 더러워지면 엄마(아빠) 기분이 안 좋아진다' 같은 이야기는 어른이라면 그리 의식조차 하지 않는 인과관계지만 어린아이는 이를 알 수 없습니다. 인과관계를 파악하기는커녕 모든 일에는 인과관계가 있다는 사실 자체를 알지 못하기 때문에 이를 배우는 것에서 사고력 훈련이 시작됩니다.

앞에서 예로 들었던 《황금빛 폭풍》이라는 그림책을 읽어줄 때의 일입니다. 버드나무가 나오는 장면에서 거미인 덤벙이 씨가 버드나무 가지에 달려드는데 여기서 선생님이 아이들에게 "가지가 부러지면 어떻게 될 것 같아요?"라고 질문했습니다.

맨 처음 발언한 아이는 "몰라요"라고 대답했습니다. 다음으로 발언한 아이는 "떨어지고 말까?"라고 약간 자신 없는 말투로 대답했습니다. 거기서 선생님이 다른 아이들의 발화를 촉진하려는 의도로 "떨어지고 말까?"라고 그대로 흉내 냈더니 어떤 아이가 "연못에 빠져요"라고 대답했습니다.

이것이 바로 아이에게 인과관계를 의식하게 하는 질문입니다. 논리적으로 생각할 수 있게 되면 보기 능력이나 지식·어휘력 같은 다른 능력도 구사하면서 상황을 분석하거나 일의 앞뒤를 잘 예측할 수 있게 됩니다. 아이의 수준에 맞춰 조금씩 질문의 난도를 높여가면 됩니다.

그렇다고 사고력이 반드시 논리의 세계에서만 완결되는 것은 아닙니다. 예를 들어 "이 아이는 지금 어떤 기분일까?", "이런 일을 ○○(이)가 당하면 어떤 생각이 들까?"라고 질문함으로써 다른 사람의 기분을 상상하거나 책 속 이야기를 자신의 입장에서 읽는 능력이 단련될 수 있습니다.

뿐만 아니라 질문을 어떻게 하느냐에 따라 창의력도 단련할 수 있습니다. 예를 들어 책을 다 읽고 난 뒤의 세계를 만들어 보게 하거나 그림 그리기를 좋아하는 아이라면 그림책 한 권을 통째로 지어보게 하거나 처음 읽는 그림책을 그림만 보고 즉흥적으로 이야기를 지어내 보게 함으로써 아이가 자유로운 상상력을 발휘하게 할 수 있습니다. 무엇보다 창의력이란 생각에 제약이 없는 상태기 때문에 아이의 창의력을 키워주고 싶다면 "뭐든지 괜찮아"라고 받아들이는 자세가 중요합니다.

논리적 사고력과 상상력, 창의력 등이 몸에 붙기 시작하면 어느새 그 아이만의 사고방식(비판력)을 가질 수 있게 됩니다. 이를 위한 질문은 간단합니다.

"엄마(아빠)는 이렇게 생각해. ○○(이)는 어떻게 생각해?"

아이가 대답하면 그 대답에 "왜 그렇게 생각해?"라는 새로운 질문을 덧붙임으로써 생각을 논리적으로 정리하는 습관을 들이게 해줄 수 있습니다. 익숙해질 때까지는 아이의 수준에 딱 맞는 질문을 선택하기가 어렵다고 생각할 수도 있지만 '만약 아이가 대답을 잘 못하는 것 같으면 살짝 도움의 손길을 내밀어 주면 돼!' 하는 가벼운 마음으로 시작하길 바랍니다.

특히 아이의 사고력은 급속하게 성장하기 때문에 "이 아이에게는 아직 빠르겠지"라고 단정 짓지 말고 다음의 예시를 참고해 계속 시도하면서 아이에게 맞게 질문을 바꿔주길 바랍니다.

사고력을 키우는 질문(예)

"○○(이)는 어떻게 생각해?"

"이 이야기의 계절은 언제라고 생각해?"

"○○(이)라면 어떻게 할 거야?"

"이 아이는 어떤 기분일까?"

하버드에서 배운 최강의 책육아

"왜 이렇게 됐다고 생각해?"

"그럼, 어떻게 하는 게 좋았을까?"

"○○(이)도 이런 일 경험했었지? 그때 어떤 생각이 들었어?"

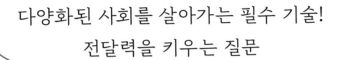

다양화된 사회를 살아가는 필수 기술!
전달력을 키우는 질문

　일부 사람들은 아이에게 그림책을 읽어줄 때 '아이의 감상을 물으면 안 된다'고 주장합니다. 그런데 만약 그 이유가 아이에게는 사고력과 전달력이 없기 때문이라고 한다면 그건 평소 아이가 사고력과 전달력을 높이는 훈련을 하지 않는다는 뜻 아닐까요?

　부모와 자녀가 대화를 나누고 자녀의 발화를 촉진하는 대화식 책 읽기를 통해 아이의 전달력이 향상되는 것은 당연한 결과입니다. 여기서 말하는 전달력에는 아래와 같은 언어능력(전문 용어로 '내러티브 스킬')이 포함됩니다.

- 떠오른 것을 문장으로 구성하는 문장 구성력

- 자신의 감정이나 눈에 보이는 풍경 등을 가장 적절한 말로 나타내는 표현력

- 상대방에게 전달될 수 있도록 정리해서 말하는 설명력(프레젠테이션 능력)

또 자신의 의견을 주저하지 않고 피력하는 자기주장력도 전달력과 관련이 있습니다. 이것들은 모두 대화식 책 읽기를 습관화하면 강화될 수 있습니다.

이렇게 전달력을 단련해 놓으면 아이가 스스로 글자를 쓸 수 있게 됐을 때 그 능력이 그대로 쓰기 능력으로 전환되고 어른이 되고 나서는 설명력(프레젠테이션 능력)이나 토론 능력의 토대가 되기도 합니다.

전달력은 사고력과 함께 다가오는 다양성 사회에서 없어서는 안 될 비인지 능력입니다. 사람마다 사고방식이 다른 것이 당연하다는 공통 인식에서 출발해 전향적인 논의를 해나가기 위해서는 무엇보다 자신의 생각을 헤아려 주길 바라는 것이 아니라 확실히 전하는

것이 먼저기 때문입니다. 다음과 같은 질문을 통해 아이의 전달력을 키워줄 수 있습니다.

전달력을 키우는 질문(예)

▶ **만 2~3세에 적합한 질문**

"그렇지. 빨간 소방차지? '빨간 소방차'라고 말할 수 있어?"

"어떤 동물이 있는지 가르쳐 줄래?"

"○○(이)가 이런 일을 당하면 어떨 것 같아?"

▶ **만 4~5세에 적합한 질문**

"어떤 이야기였는지 가르쳐 줄래?"

"그럼 다음 장은 ○○(이)가 읽어줄래?"

"어느 장면이 가장 좋았어? 왜?"

"오늘은 이 그림책 엄마(아빠)한테 읽어줄래?"

이런 식으로 책을 읽어줄 때 아이가 이야기를 하게 해보면 어른이 상상하는 것 이상으로 아이의 전달력이 자라 있다는 사실을 깨달을 것입니다. 만약 아이에게 말할 기회를 주지 않는다면 이런 발

달의 싹을 못 보고 지나쳐 버릴 수도 있습니다. 책을 읽어줄 때 아이에게 질문해 답을 끌어내는 일, 나아가 아이의 자발적인 발화를 촉진하는 일 모두 아이의 전달력이 자라고 있다는 징후를 놓치지 않고 성장 가능성을 좀 더 키워줄 수 있습니다.

1장부터 4장까지 대화식 책 읽기란 무엇인지, 구체적으로 어떻게 하는지, 실천하면 어떤 변화가 있는지 이야기해 봤습니다. 마지막 5장에서는 대화식 책 읽기의 효과를 더욱 높이는 비결을 알려드리려고 합니다.

5장

대화식 책 읽기 효과를
극대화하는 방법

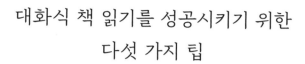

대화식 책 읽기를 성공시키기 위한
다섯 가지 팁

이 장에서는 대화식 책 읽기를 잘 활용하기 위한 팁 그리고 제가 자주 받는 질문을 토대로 한 대화식 책 읽기 효과를 극대화하는 방법 등을 소개하겠습니다. 먼저 다섯 가지 팁입니다.

TIP 1. 칭찬하고 격려하기

아이가 질문에 대답하면 칭찬하고 격려해 주는 것을 잊지 말길 바랍니다.

PEER의 두 번째 단계인 평가는 어른이 채점자가 되라는 뜻이 아니라 맞장구를 쳐주거나 칭찬을 해주는 식으로 아이를 긍정하라는 것입니다. 아이의 발언을 부정하거나 비판하지 마세요.

육아 전반에 걸쳐 실천하고 있는 부모도 많겠지만 책을 읽어줄 때 아이를 칭찬하는 요령은 "참 잘했구나", "장하구나", "대단하구나" 등과 같은 칭찬하는 말과 함께 구체적으로 무엇을 잘했는지 전하는 것입니다. 구체적으로 칭찬해 주면 아이는 그 점에 자신감을 갖게 되고 그다음 발언이나 행동에도 적극적으로 임하게 됩니다.

예를 들어 "동물 이름을 많이 말할 수 있게 됐구나!"라는 칭찬을 들은 아이는 그 뒤로 일상생활에서 동물 이름을 적극적으로 말하게 되겠죠. 모르는 동물이 있으면 '이름을 말해서 더 칭찬을 받고 싶다'는 마음이 자연스럽게 커져 아이가 먼저 "무슨 동물이야(이 동물 이름이 뭐야)?"라고 물어볼 수도 있습니다. 또 "진짜네! 여기 작은 새가 있구나. 이렇게 작은 새를 용케 알아봤구나!"라고 관찰력을 칭찬받은 아이는 그림을 볼 때 자연스럽게 세부적인 사항에 눈이 가게 될 수도 있습니다. 물론 열심히 생각해 뭔가를 말했다는 것 자체에 "열심히 생각했구나. 아주 장하다"라고 칭찬해 주는 것도 잊지 말길 바랍니다.

부모의 질문에 아이가 틀린 답을 말할 때도 있겠지만 답이 맞고 틀리고는 그다음 문제입니다. 어떤 대답이든 아이 나름대로 생각해서 말한 것은 100퍼센트 받아들여 줘야 합니다. 그래야 아이의 마음에 안정을 주고 이것이 생각하는 행위나 전달하는 행위로 나아가는 적극성으로 이어집니다.

특히 아이 스스로 생각하게 하는 질문을 할 때는 '읽는 것은 생각하는 것이다'라는 감각을 당연하게 여기게 하는 것이 목적임을 기억하길 바랍니다. 이를 전제로 아이에게 정답을 가르쳐 주고 싶을 때는 "엄마(아빠)는 이렇게 생각해"와 같이 간접적으로 전해줍니다. 일부러 간접적으로 말함으로써 아이가 스스로 잘못을 깨닫게 하는 것입니다. 예를 들어 헨젤과 그레텔이 집으로 돌아오기 위해 길에 뿌린 것이 무엇인지 물었을 때 "과자"라고 대답한다면 "틀렸잖아"라고 직접적으로 부정하지 말고 "과자였나? 엄마(아빠)는 빵이 아닐까 생각했는데…"라고 부드럽게 말해보는 것입니다.

TIP 2. 필요에 따라 정보를 더해 아이에게 도움 주기

질문을 했는데 아이가 답을 모른다면 이럴 때야말로 부모가 가르쳐 줄 기회입니다. 자라나고 있는 아이의 언어능력과 이해력, 발상력 등에는 한계가 있습니다. 대화식 책 읽기는 부모가 현 시점에서 아이의 능력을 파악하면서 무리하지 않는 범위 내에서 조금씩 경계선을 확장해 가는 것이 목표입니다.

이를 위해 대화를 할 때 정보를 더해주는 것이 중요합니다. 예를 들어 아이가 그림책에서 튤립을 알아보고 "아, 꽃이 피어 있네!"라고 자발적으로 발언했다고 가정합시다. 이때 책 내용에 집중시켜야 한다는 생각에 사로잡혀 "그렇구나, 꽃이구나"라는 말만으로 대화를 끝내고 다시 책 속으로 돌아와 버리면 안 되겠죠. 대신 "진짜네, 용케 알아냈구나! 화단에 빨간 튤립이 피어 있어. ○○(이)가 다니는 어린이집에도 피어 있지 않았나?"라고 말해봅니다.

이렇게만 해도 아이가 화단이라든지 튤립과 같은 단어를 학습할 수 있고 '빨갛다'라는 형용사의 활용을 배울 수도 있습니다. 나아가 책을 읽으면서 이야기 세계와 현실 세계를 연관 짓는 생각 습관도 들일 수 있겠죠.

TIP 3. 아이의 흥미에 따르기

그림책에 나온 모든 단어를 읽거나 모든 그림에 관해 말하는 것은 중요하지 않습니다. 단순히 많이 묻고 많이 말하게 하면 되는 것이 아니라는 뜻입니다.

책의 어느 부분에서 대화를 나눌지는 아이가 무엇에 흥미를 나타내는지 관찰하고 그에 따라 판단합시다. 아이가 책의 특정 부분이나 그림에 흥미를 가졌다면 그것에 대해 말하도록 유도해 주길 바랍니다. 자신이 흥미를 가지는 대상에 어른도 관심을 갖고 있는 것을 알게 되면 아이는 책 읽기를 훨씬 더 즐기게 됩니다.

TIP 4. 즐기기

대화식 책 읽기가 지니는 목표 중 하나는 아이가 어른과 함께 그림책을 읽고 즐기는 것입니다. 제아무리 효과적인 책 읽기 방법이라고 해도 아이가 즐기지 않으면 의미가 없습니다.

때로는 아이가 대화를 나누는 데 지쳐 보일 때도 있을 것입니다. 그런 경우에는 질문은 하지 말고 그냥 읽어주기만 해도 됩니다. 대화는 다음번에 나눠도 됩니다. 대화식 책 읽기에는 높은 학습 효과가 있지만 그렇다고 책 읽기가 공부 같은 느낌이 들면 안 됩니다. 대화식 책 읽기를 했더니 아이가 책 읽기를 즐기지 못한다면 본말이 전도되고 맙니다.

그림책의 글을 읽어가면서 아이가 흥미를 보이는 것을 발견하고 여러 가지 대화를 시도해 보길 바랍니다. 특히 어른이 마치 게임하듯이 대화로 접근하면 아이는 대화식 책 읽기를 좀 더 즐길 수 있습니다. 예를 들어 어느 장은 어른이 읽고 다음 장은 아이가 읽는 식으로 진행하는 방법도 있습니다.

대화식 책 읽기를 성공시키는 비결은 아이가 대화를 공부로 여기지 않고 즐겁게 대답할 수 있는 질문을 하는 것 그리고 부모도 아이와 함께 즐기는 것입니다.

TIP 5. 질문 대신 말을 덧붙이기

'나한테 대화식 책 읽기를 이끌어 갈 능력이 있을까?' 하며 아직 불안해하는 분이라면 이 팁이 도움이 될 것입니다.

실제로 어린아이를 상대로 대화식 책 읽기를 해보면 아이가 바로 대답할 수 있을 것 같은 질문은 어른도 별로 주저하지 않습니다. 하지만 '지금 이 질문에 아이가 대답할 수 있을까' 생각되는 조금 난도가 높은 질문은 어떤 타이밍에 하면 좋을지 망설여집니다. 연달아 어려운 질문을 해버리면 아이가 혹여 자신감을 잃지는 않을지, 책 읽기 시간이 싫어지지는 않을지 불안하기 때문입니다.

이렇게 걱정이 될 때는 과도하게 PEER 단계에 집착하지 말고 질문과 첨언을 그때그때 순발력 있게 응용하길 권합니다. 예를 들어 아이가 외웠으면 하는 단어나 표현이 있을 때 PEER 단계는 일단 잊어버리고 마치 혼잣말을 하듯 계속 정보를 더해가는 것입니다. 만약 고슴도치가 있다면 "우와, 고슴도치, 등에 가시가 돋친 것 같네. 만지면 아플 것 같아!"라는 말을 덧붙이고 그대로 다시 책으로 돌아갑니다. 단지 그것만으로도 아이에게는 새로운 단어와 지식을 배우는 계기가 됩니다.

말을 덧붙이는 방법은 사고력을 요하는 장면에서도 쓸 수 있습니다. 주인공이 슬퍼서 울고 있는 장면에서 우는 이유를 아이에게 물어봤자 아직 대답하지 못할 수도 있다는 생각이 들면 "어머나, 이 아이 울고 있구나. ○○해서 슬픈 걸까?"라고 말을 덧붙이고 그대로 다시 책 읽기를 진행합니다. 그리고 다음번에 같은 책을 읽을 때 "왜 우는 걸까? 음…"과 같은 느낌으로 너무 강요하지 않는 형태로 질문해 봅니다.

뭐든지 말을 덧붙여 아이 스스로 생각할 여지를 남기지 않는 것은 좋지 않지만 글에 직접 쓰여 있지 않은 인과관계를 이해하거나 사건의 전말을 예측하는 사고 활동은 아이에게는 쉽지 않은 일입니다. 이 부분은 역시 어른이 적당히 말을 덧붙여 주는 형태로 모범 답안을 제시하면서 도움을 주는 편이 좋습니다.

게다가 어른이 말을 덧붙여 가면서 책을 읽는 모습을 보고 있으면 아이도 '책은 여러 가지 생각을 하면서 읽는 거구나' 하는 사실을 서서히 깨닫게 됩니다. 그 깨달음이야 말로 아이가 스스로 책을 읽을 수 있는 첫걸음입니다.

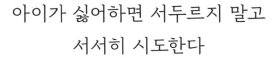

아이가 싫어하면 서두르지 말고 서서히 시도한다

저도 자주 경험하는 일이지만 어린아이에게 책을 읽어주다가 대화를 하려고 하면 "빨리 다음 페이지 읽어줘!"라고 재촉하는 아이가 있습니다. 재밌는 이야기를 들을 때 빨리 다음 내용을 알고 싶어 하는 것은 자연스러운 일입니다. 어른이 읽어주는 이야기를 잠자코 듣기만 하는 데 익숙해진 아이라면 갑자기 질문을 받고 당황하는 일도 있으리라 생각합니다.

그렇게 되지 않으려면 이제 막 책 읽기를 시작하려는 만 0~1세 정도 아이에게 처음부터 대화식 책 읽기 방식을 적용해 보길 추천합니다. 그렇게 하면 어른이 책을 읽어줄 때 이런저런 이야기를 나누는 것이 당연해집니다.

한편 이미 읽어주는 내용을 듣는 데 익숙한 아이가 대화식 책 읽기를 싫어하는 것 같으면 무리하지 말고 조금씩 익숙해지게 합시다. 그 방법은 몇 가지가 있습니다.

먼저 처음 읽는 책은 원래 방식으로 읽어주는 것입니다. 아이가 미지의 이야기를 접하고 빨리 다음 내용을 알고 싶어 한다면 무리하게 대화를 시도하지 말고 원래 하던 대로 끝까지 읽어줍시다. 아이는 맘에 드는 그림책은 몇 번이나 반복해서 읽어달라고 하기 때문에 두 번째부터 조금씩 질문하는 식으로 대화를 늘리면 됩니다.

또 작품 중에서 한 가지 내용만 골라 질문하는 데서 시작하는 것도 좋습니다. 3장에서 소개한 《배고픈 애벌레》를 예로 들면 원래 하던 대로 읽어나가다가 번데기에서 나비가 나오기 직전에만 "여기서 뭐가 나올 것 같아?"라고 자연스럽게 질문해 보는 것입니다. 책 한 권을 읽으면서 질문을 한 번 하는 정도라면 설령 처음 읽는 그림책이라 할지라도 아이는 싫어하지 않을 것입니다. 그리고 읽는 횟수를 더할 때마다 조금씩 대화를 늘려갑니다.

책 읽기를 할 때는 이야기를 나누는 것이라는 본보기를 읽는 주체인 어른이 제시하는 것도 효과적입니다. 책을 읽어가면서 중간중간 "예쁘네", "대단하네!", "엄마(아빠)라면 이렇게 생각해" 같은 말을 덧붙여 봅시다.

어떤 방식이든 어른이 그림책을 읽어줄 때는 말을 해도 된다는 것을 알면 아이는 질문을 받지 않더라도 자발적으로 말을 하기 시작합니다. 이는 제가 연구를 위해 방문한 유치원에서도 증명된 결과입니다. 처음부터 완벽한 대화를 하려 들지 말고 조금씩 자연스럽게 대화를 늘려나간다는 느낌으로 서서히 대화식 책 읽기에 익숙해지게끔 해보길 바랍니다.

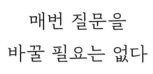

매번 질문을
바꿀 필요는 없다

아이는 맘에 드는 그림책은 몇 번이고 되풀이해서 읽어주길 원합니다. 같은 그림책으로 여러 차례 대화식 책 읽기를 할 때 같은 질문을 반복해도 될지, 아니면 매번 질문을 바꿔야 할지 신경 쓰이는 사람도 있겠죠. 이 점에 대해서는 특별히 걱정할 필요가 없습니다.

책 읽기를 반복할 때마다 아이는 그림책의 내용을 더 깊이 이해하게 됩니다. 그러면 의문이나 관심을 갖는 부분도 바뀌기 때문에 자연스럽게 대화의 내용도 달라집니다. 물론 아이가 같은 질문을

하버드에서 배운 최강의 책육아

받는 것을 좋아하는 것 같으면 반복해도 좋습니다. 그때마다 다른 답변이 돌아오거나 지난번보다 답변이 더 나아진 모습을 발견할 수도 있을 것입니다.

앞에서도 언급한 바와 같이 대화의 팁은 아이의 흥미에 따르는 것입니다. 책을 읽어주면서 유심히 관찰하면 아이가 어디에 흥미를 갖는지 금방 알 수 있기 때문에 거기에 맞춰 질문하거나 이야기하게끔 유도하면 됩니다. 또 아이가 자발적으로 말을 하는 일도 늘어나기 때문에 그에 따라 새로운 대화가 이뤄집니다.

질문은 매번 바꿔야 하는 것도, 또 바꿔서는 안 되는 것도 아닙니다. 아이의 흥미에 따르는 것을 기본으로 유연하게 선택하면 됩니다.

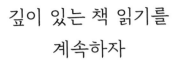

깊이 있는 책 읽기를
계속하자

거듭 말하지만 대화식 책 읽기는 처음 그림책을 읽는 단계에서 시작할 것을 추천합니다.

1장에서 소개한 것처럼 미국과 일본의 만 3세, 5세 자녀를 둔 부모를 대상으로 실시한 설문 조사 결과 미국에서는 평균 5개월 전후부터 책 읽기를 시작하는 반면 일본에서는 평균 만 1세가 돼야 책 읽기를 시작했습니다. 미국에서 언어교육 의식이 강하다는 사실도 이런 차이의 원인으로 지목됐었죠.

그런데 반대로 언제까지 책 읽기를 해야 하는지에 대해서도 부모가 기억해 줬으면 하는 점이 있습니다. 바로 아이가 자력으로 책을 깊이 읽을 수 있게 될 때까지입니다.

깊이 읽기란 글자를 배워서 읽을 수 있게 됐다는 의미가 아닙니다. 표면적으로는 글자나 문장을 쫓는 일이 가능하다고 해도 스스로 사고해 의미를 바르게 이해하지 못한다면 읽고 있다고는 할 수 없기 때문입니다.

보통의 부모는 아이가 초등학교에 들어가기 전후, 대략 만 5~6세 정도에 책 읽어주기를 끝냅니다. 하지만 아이가 초등학교에 들어간 후에도 가능하면 오랫동안 책을 읽어주는 것이 좋습니다.

초등학교 커리큘럼에 아이들의 독해력과 비판적 사고력을 강화할 수업 시간이 좀처럼 없다는 점을 생각하면 초등학교 입학을 전후해 대화식 책 읽기를 끝내는 것이 너무 이르다는 생각이 듭니다. 그림책만으로 대화식 책 읽기를 하기에는 살짝 부족한 듯한 학년이 되면 해리 포터 시리즈와 같은 두께 있는 책을 부모와 자녀가 함께 매일 조금씩 읽어나가는 것도 좋습니다(부모가 읽어줄 수도 있고 아이와 번갈아 가며 읽을 수도 있습니다).

글의 양이 많은 책으로 옮겨 갈수록 이야기에 집중해야 하기 때문에 그 단계에서 대화를 나누는 일은 줄어들 수도 있습니다. 하지만 어떤 형태로든 함께 책을 읽는 습관을 지속하면 매일 밤마다 혹은 책의 장마다 내용에 관해 대화를 나눌 수 있습니다.

이렇게 함으로써 과연 이 아이는 책을 바르게 읽을 수 있는지, 제대로 독해력이 자라고 있는지 확인할 수 있습니다. 게다가 아이가 긴 이야기를 읽을 수 있는 연령이 되면 지식도 사고력도 표현력도 매우 발달해서 "네가 주인공이라면 어떻게 할래?", "엄마(아빠)라면 이렇게 생각하는데 너는?"과 같은 아이만의 생각을 예리하게 파고드는 질문이 한층 효과를 발휘하기 시작합니다.

한 권의 책을 부모와 자녀가 함께 읽는 경험을 거쳐 아이가 독서가로 독립한 뒤 "그 책 읽었니? 어떻게 생각해?"라고 비평과 감상을 교환하며 즐기는 습관으로 이어간다면 참으로 멋질 것입니다.

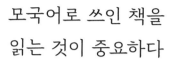

모국어로 쓰인 책을
읽는 것이 중요하다

대화식 책 읽기가 원래 언어교육을 위해 개발됐다는 사실은 이 책에서 반복해 언급했습니다. '영어권에서 탄생한 방법으로 책 읽기를 한다면 영어 조기교육까지 하는 것이 좋지 않을까?', '영어로 된 그림책으로 책 읽기를 하면 어떨까?' 하고 생각하는 분도 많을 것입니다.

저는 영어를 포함해 외국어로 쓰인 그림책을 책 읽기에 사용하는 데는 얼마든지 찬성하는 입장입니다. 단, 언어교육 관점에서 볼 때 모국어 실력을 제대로 기르는 것이 우선이 되어야 합니다.

확실히 어릴 때부터 영어를 접하면 아이는 영어 단어나 표현을 바로 외우게 됩니다. 하지만 그것이 영어라는 언어의 습득으로 이어지는가 하면 이는 별개의 문제입니다.

요즘 아이들은 유튜브 등의 콘텐츠를 자주 보기 때문에 영어에 친숙합니다. 제가 자주 만나는 제자의 아이는 맛있는 것을 먹으면 "Yummy"라고 말하고 물건을 떨어뜨리면 "Oh! no!"라고 소리 지르기도 합니다. 하지만 이는 영어 표현 몇 개를 감각적으로 외우고 있는 것일 뿐 영어라는 언어를 습득한 것과는 다릅니다.

최근에는 자녀를 영어 유치원에 보내는 사람도 많습니다. 제 동료의 손주는 만 1~5세까지 영어 유치원에 다녔는데 그사이 영어를 상당한 수준으로 구사할 수 있게 됐습니다. "산책하는데 'I see lots of people walking'(많은 사람이 걷고 있네)라고 말해서 놀랐다"는 이야기도 들을 정도니 이 아이가 꽤 복잡한 문법까지 습득했음을 알 수 있습니다.

그런데 유아 교육에서 어느 정도 영어를 듣거나 말하거나 할 수 있어도 초등학교에 들어가면 영어를 잊어버리는 경우가 대부분입니다. 유치원 때부터 이를 교육해 계속 영어 능력을 키워나가려면 초등학교부터 그 이후로도 쭉 국제학교에 들어가 공부할 정도가 되어야 합니다. 언어를 배우는 데 중요한 것은 지속성이기 때문입니다. 중단하지 않고 장기간에 걸쳐 배우고 생활 속에서 사용해야만 비로소 언어 습득이 가능해집니다.

만약 아이에게 앞으로 쭉 영어를 쓰는 환경을 만들어 주겠다고 결심했다면 영어로 책 읽기를 해도 괜찮습니다. 하지만 거기까지는 생각하지 않는다면 책 읽기를 통한 영어 교육 효과는 기대하지 않는 편이 좋습니다.

그보다는 일상생활에서 사용하는 모국어로 쓰인 그림책으로 사고력과 언어능력을 먼저 제대로 키워줘야 합니다. 이렇게 길러진 능력이 나중에 본격적으로 외국어를 배울 때도 활용될 수 있습니다.

물론 책을 읽어줄 때 영어를 비롯한 외국어 그림책을 사용하는 것이 무의미한가 하면 그렇지는 않습니다. 이 세상에는 자신이 사용하는 말과는 다른 언어가 있다는 사실, 자신이 모르는 언어를 사용하며 생활하는 사람들이 있다는 사실을 배우는 것은 다른 문화에 대한 아이의 감각을 키우는 무척 의미 있는 일입니다. 영어

조기교육이라는 목적으로 접근하기보다는 아이와 함께 즐기는 시간으로 만들길 추천합니다.

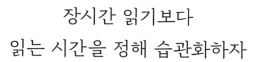

장시간 읽기보다 읽는 시간을 정해 습관화하자

"어느 정도 시간을 할애해 책을 읽어주는 것이 효과적인가요?"라는 질문을 종종 받습니다. 그때마다 저는 "시간의 길고 짧음은 생각하지 않아도 됩니다"라고 답합니다. 그보다 중요한 것은 언제 책을 읽어줄지 정해 습관화하는 일입니다.

어른이 그림책을 읽어주는 시간은 아이에게는 무척 즐거운 경험입니다. 따라서 책을 읽어주는 시간은 아이가 즐겁게 그림책에 집중할 수 있는 범위 내에서 무리하지 않는 것이 좋습니다.

예를 들어 자기 전에는 반드시 그림책을 읽는다든지 매일 유치원에서 돌아오면 책을 읽는 식으로 책 읽기 시간을 정하는 것입니다. 매일 책을 읽기 어려우면 주말에는 반드시 읽는 것으로 정해도 괜찮습니다. 시간대를 정함으로써 그림책을 읽는 것이 습관이 되기 때문입니다.

제가 수업에서 "그림책을 읽는 것은 중요하답니다"라고 반복해 말하는 것을 들은 한 학생은 유치원에 다니는 어린 동생에게 책을 읽어주기로 마음먹었다고 합니다. 고등학생인 언니와 번갈아 가며 매일 아침 동생에게 책을 읽어줬더니 그전까지만 해도 아침 일찍 일어나면 텔레비전을 켜던 동생이 그림책을 가져와 읽어달라고 하게 됐다고 합니다. 이것이 습관화입니다. 책 읽기를 습관화함으로써 아이는 점점 그림책이 좋아지고 그것이 장래 독서 습관으로 이어집니다.

원래 아이는 어른이 자신에게 신경 써주고 관심 가져주는 것을 좋아합니다. 매일이든 일주일에 몇 번이든 상관없지만 부모가 자신을 위해 일정 시간을 할애해 준다는 사실은 아이에게도 전달되고 분명 부모와 자녀 모두에게 소중한 시간이 될 것입니다.

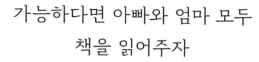

가능하다면 아빠와 엄마 모두
책을 읽어주자

2016년 일본 총무성이 실시한 사회생활기본조사에 따르면 만 6세 미만 아동이 있는 세대 내 남자의 가사 및 육아 시간은 1시간 23분(육아 시간은 49분), 여자는 7시간 34분(육아 시간은 3시간 45분)으로 보고됐습니다. 이에 비해 미국에서는 남자의 가사 및 육아 시간이 3시간 25분(육아 시간은 1시간 20분), 여자는 6시간 1분(육아 시간은 2시간 18분)이라는 결과가 나왔습니다. 2019년 한국 통계청이 발표한 생활시간조사 결과에서는 남자의 평일 가사 노동 시간이 48분, 여자의 경우 3시간 10분으로 나타났습니다. 전반적으로 남자의 가사 노동 시간이 증가하면 여자의 부담이 줄어든다고 볼 수 있습니다.

제가 미국 유학 때 신세를 진 버틀러가의 아버지(짐)도 매일 아침 가족 식사 당번이었고 저녁 식사도 자주 만들어 줬습니다(참고로 제가 좋아하는 음식은 짐의 감자 요리였습니다). 집안일을 하는 아버지의 모습을 보고 자란 두 명의 아이들도 지금은 아버지가 됐는데 자연스럽게 집안일과 육아에 참여하고 있습니다.

미국의 책 읽기 연구에 협력해 준 가족과 유치원에서 사전 미팅을 할 때는 이런 일도 있었습니다. 제가 어떤 아이의 아버지가 참석한 것을 보고 "이번 연구는 어머님께 부탁드렸는데요…"라고 했더니 그는 "어, 그랬나요? 저도 책을 읽어주기 때문에 제가 와도 되는 줄 알았어요"라고 당연한 듯 말했습니다.

하버드에서 유학할 때도 아버지나 남자 어른이 아이에게 그림책을 읽어주는 것이 권장됐습니다. 원래 어린이집이나 유치원에는 여자 선생님의 비율이 높기 때문에 가정에서 어머니만 책을 읽어주면 아이에게 '책을 읽어주는 것은 여성의 역할'이라는 고정관념을 심어줄 가능성이 있기 때문입니다.

또 울런공대학교 다즈마의 연구에 따르면 아버지와 어머니는 책

하버드에서 배운 최강의 책육아

을 읽어주는 방식이 다르다고 합니다. 어머니는 그림 속 대상의 이름을 묻거나 숫자를 세어보게 하는데 아버지는 이야기에서 일어나는 일 등을 실생활과 연결 지어 아이와 대화를 나눈다고 보고됐습니다. 대화식 책 읽기를 기준으로 생각하면 어머니는 의문사형 질문을, 아버지는 정해진 답이 없는 질문이나 아이의 생활과 관련된 질문을 한다고 할 수 있습니다. 예를 들어 그림책에 사다리가 나오면 아버지는 "지난번에 사다리를 타고 올라가 지붕을 고쳤지?"라고 이야기를 확장하는 것입니다.

또 아버지는 추상적이고 복잡한 단어를 쓰는 경향이 있다고 보고된 반면 아이와 함께 지내는 시간이 긴 어머니는 아이의 발달 단계를 파악하고 있기 때문에 그 수준에 맞춰 이야기하는 경우가 많았습니다.

물론 가정환경은 저마다 다르기 때문에 '상황이 된다면'이라는 전제는 있지만 가능하다면 부모 모두가 아이에게 책을 읽어주길 권합니다.

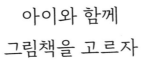

아이와 함께
그림책을 고르자

　아이가 마음에 드는 그림책을 몇 번이나 읽어달라고 하는 것은 자연스러운 일입니다. 그러니 아이가 즐거워하면 얼마든지 반복해서 읽어줍시다.

　대화식 책 읽기가 습관이 되면 책 읽기 과정에서 주고받는 대화도 필연적으로 바뀌게 되고 아이가 하는 말의 내용도 변화하고 확장되기 마련입니다. 따라서 아이가 무척 좋아하는 그림책을 반복해서 읽는 일도 아이의 성장으로 이어집니다.

하버드에서 배운 최강의 책육아

그렇지만 다양한 그림책을 읽고 새로운 자극을 받는 일도 중요합니다. 도서관이나 서점에 아이를 데리고 가서 아이에게 그림책을 고르게 해보면 좋습니다. 여태까지 본 적 없는 많은 책이 진열된 장소에 가는 일은 그 자체로 아이에게 무척 신나는 체험입니다. 많은 책을 앞에 두고 "어떤 책을 읽고 싶어?"라고 물어보면 아이는 분명 흥미를 느끼는 책을 고를 것입니다.

도서관의 그림책 코너는 대상 연령에 따라 책을 분류해 놓는 경우도 많기 때문에 아이가 스스로 책을 고르기 쉽다는 장점이 있습니다. 자주 다니다 보면 도서관을 친근하게 느끼게 되고 자연스럽게 이용법도 익힐 수 있어 아이에게 큰 자산이 됩니다.

최근에는 카페를 함께 운영한다든지 아동 도서 코너에 작은 의자나 신발을 벗고 올라갈 수 있는 공간을 마련해 두는 서점도 늘고 있습니다. 휴일에 나들이 겸 이런 서점에 가족이 함께 가보는 것도 좋겠죠.

어떤 책을 고르면 좋은지 질문하는 분도 많습니다. 책 읽기에서 가장 우선시해야 할 점은 아이가 흥미를 나타내는지 여부입니다. 어른 입장에서는 습관적으로 교육적 효과를 신경 쓰기 십상이지만 아이가 싫어하는데 무리하게 강요하면 아무런 효과도 얻지 못합니다.

예를 들어 남자아이가 있는 가정에서는 "책을 읽어줄 때 아이가 늘 공룡이나 탈것이 그려진 도감을 들고 오는 통에 난처하다"는 부모님이 꽤 있습니다. 그러나 그것은 고민거리가 되지 않습니다. 바꿔 생각하면 아이가 푹 빠져 있는 책을 읽어줄 때 여러 가지 질문에 신나서 대답할 것이기 때문입니다. 그것도 훌륭한 대화식 책 읽기입니다.

반대로 부모 입장에서 조언을 한다면 질문하기 쉬운 책을 고를 것을 추천합니다. 여러 가지 단어를 가르치거나 보는 힘을 기르려면 세부적인 부분까지 신경 쓴 그림책이 대화 소재를 발견하기 쉽겠죠. 그중에서 본인이 질문하기 쉬울 것 같은 책을 고르는 일도 중요합니다.

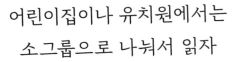

어린이집이나 유치원에서는
소그룹으로 나눠서 읽자

자신의 직장에 대화식 책 읽기를 도입하고 싶다고 생각하는 어린이집이나 유치원 선생님도 있을 것입니다.

지금까지 설명한 대로 대화식 책 읽기는 대화가 핵심이기 때문에 아이의 말을 100퍼센트 받아들여 확장해 갈 수 있는 1대 1 방식이 이상적입니다. 하지만 어린이집이나 유치원에서는 불가능한 일이죠. 그렇다면 가능한 한 인원을 적게 소그룹으로 나눌 것을 추천합니다.

10명이 넘는 규모의 아이들을 데리고 대화식 책 읽기를 진행한다면 선생님의 질문 하나에도 대소동이 벌어질 것입니다. 발언이 너무 많으면 선생님이 아이들의 모든 발언을 흡수하지 못합니다. 용기를 내 발언했는데 무시당하는 일이 반복되면 아이가 발언하는 데 소극적으로 변하기도 하기 때문에 주의해야 합니다.

　　실제로 미국 유치원에서도 대화식 책 읽기는 대략 5~7명 정도의 그룹으로 실시되고 있습니다. 이렇게 해도 아이들이 일제히 떠들기 시작하면 모든 발언을 흡수하기가 어렵겠지만 그런 가운데서도 가능하면 특정 아이에게 편중되지 않게 골고루 반응해 주려는 노력을 해야 합니다.

하루 15분
책 읽어주기의 기적

하버드대학교 대학원 교육학박사과정 학위 수여식 전날에는 '로빙 세러머니'라는 의식을 치릅니다. 연구 지도 교수가 학생 한 명한 명에게 축하 인사를 건네고 더불어 박사 가운에다 박사의 상징인 후드를 걸쳐주는 행사입니다. 이 행사에서 제 지도 교수님은 "박사과정에 들어오는 학생은 박사 논문 주제가 흔들리는 경우가많습니다. 그러나 에이코 선생님은 들어올 때부터 일관되게 '그림책읽어주기'를 주제로 정하고 한 치의 흔들림도 없었습니다"라고 말씀하셨습니다.

하버드에서의 힘들고 고통스러운 연구, 그러면서도 즐거웠던 배움의 나날과 그 성과가 이렇게 책으로 출간되니 참으로 감개무량합니다. 이로써 책 읽어주기 연구가 얼마나 흥미로운 주제인지 가르쳐 준 하버드대학교 교수님들에게 조금이나마 은혜를 갚은 것 같습니다.

귀국 후 저는 여러 곳에서 대화식 책 읽기 홍보와 보급 활동에 노력을 기울였습니다. 특히 인기 텔레비전 프로그램인 〈세상에서 가장 받고 싶은 수업〉에 출연하고 나서 한층 많은 강연 의뢰를 받게 된 점은 참으로 놀랍고도 기쁜 일이었습니다.

그렇지만 어른과 아이가 대화를 나누며 그림책을 읽는 방법이 책 읽어주기의 주류가 됐느냐 하면 아직 그렇지는 않습니다. 여전히 어린이집이나 유치원에서는 아이들이 조용히 선생님이 읽어주는 이야기를 듣는 모습이 일반적입니다. 일반 가정에서는 상상력을 키운다는 명목으로 일방통행의 책 읽기가 행해지고 있다는 사실이 설문 조사 결과로도 명백해졌습니다.

본문에서도 설명했지만 이 책은 그런 책 읽기 방식을 완전히 부정하지는 않습니다. 하지만 이 책에서 전해드린 방법을 사고력, 독

마치며   205

해력, 전달력을 키우기 위한 선택지 중 하나로 받아들인다면 그림 책이 지니고 있는 매력을 새롭게 즐길 수 있는 방법을 반드시 발견하게 될 것입니다.

자녀의 성장 과정에서 이런 능력을 키우는 것은 매우 중요합니다. 그리고 이 능력은 가정과 학교, 사회에서만 키울 수 있습니다. 대화식 책 읽기를 실천하면 아이는 '아, 책은 이렇게 읽어나가는 거구나!' 하고 스스로 배워나갈 것입니다. 일과 육아를 병행하며 바쁜 가정이라도 하루 단 15분 정도만 아이와 마주하는 시간을 갖는다면 그 시간이 아이의 능력에 미치는 영향은 헤아릴 수 없을 정도로 클 것입니다.

마지막으로 이 책을 기획해 준 간키출판사 관계자분들에게 진심으로 감사하다는 말을 드립니다. 그리고 언제나 제 원고를 읽어주고 조언해 준 남편에게도 고마운 마음을 전합니다.

하버드에서 배운 최강의 책육아

- Whitehurst, G. J., Falco, F., Lonigan, C. J., Fischel, J. E., DeBaryshe, B. D., Valdez-Menchaca, M. C., & Caulfield, M.(1988). Accelerating language development through picture-book reading. Developmental Psychology, 24, 552-558.

- Duursma, Elisabeth.(2016). Who does the reading, who the talking? Low-income fathers and mothers in the US interacting with their young children around a picture book. First Language, 36(5), 465-484.

- Nyhout, A., & O'Neill, D. K. Mothers' complex talk when sharing books with their toddlers: book genre matters. First Language, 33(2), 115-131, 2013.

- 학력 향상을 위한 기본조사 2006(베네세 교육종합연구소)

- 《딕 부르너의 모든 것 All about Dick Bruna 》(고단샤)

하버드에서 배운 최강의 책육아

초판 1쇄 발행 2023년 1월 27일

지은이·가토 에이코
옮긴이·오현숙
발행인·이종원
발행처·㈜도서출판 길벗
출판사 등록일·1990년 12월 24일
주소·서울시 마포구 월드컵로 10길 56(서교동)
대표전화·02)332-0931 | 팩스 02)322-0586
홈페이지·www.gilbut.co.kr | 이메일·gilbut@gilbut.co.kr

기획·황지영 | 책임편집·이미현(lmh@gilbut.co.kr) | 제작·이준호 손일순 이진혁 김우식
마케팅·이수미 장봉석 최소영 | 영업관리·김명자 심선숙 정경화 | 독자지원·윤정아 최희창

디자인·디자인 유니드 | 교정교열·강설빔 | 일러스트·유재이
인쇄·교보피앤비 | 제본·경문제책

ISBN 979-11-407-0298-5 03590
(길벗 도서번호 050178)

독자의 1초를 아껴주는 정성 길벗출판사
길벗 | IT실용서, IT/일반 수험서, IT전문서, 경제경영서, 취미실용서, 건강실용서, 자녀교육서
더퀘스트 | 인문교양서, 비즈니스서
길벗이지톡 | 어학단행본, 어학수험서
길벗스쿨 | 국어학습서, 수학학습서, 유아학습서, 어학학습서, 어린이교양서, 교과서